水风光多能互补条件下流域梯级水库长期优化调度研究

丁紫玉　方国华　闻昕　谭乔凤　著

·北京·

内 容 提 要

本书针对大规模风电、光电接入流域梯级水电站的多能源协同调度问题，分析流域水风光资源特性及出力互补性，构建多模型组合的风电出力、光伏出力和径流的长期预报模型，研究大规模风光接入下的梯级水库长期调度决策方法，评估预报不确定性对水风光多能互补系统长期调度的影响，并以雅砻江下游水风光多能互补系统为研究对象，进行实例研究。

本书可为水利水电及新能源相关专业领域研究与应用提供借鉴和参考。

图书在版编目（CIP）数据

水风光多能互补条件下流域梯级水库长期优化调度研究 / 丁紫玉等著. -- 北京 : 中国水利水电出版社, 2023.6

ISBN 978-7-5226-1448-9

Ⅰ. ①水… Ⅱ. ①丁… Ⅲ. ①梯级水库－并联水库－水库调度－研究 Ⅳ. ①TV697.1

中国国家版本馆CIP数据核字(2023)第046723号

书　　名	**水风光多能互补条件下流域梯级水库长期优化调度研究** SHUI FENG GUANG DUO NENG HUBU TIAOJIAN XIA LIUYU TIJI SHUIKU CHANGQI YOUHUA DIAODU YANJIU
作　　者	丁紫玉　方国华　闻　昕　谭乔凤　著
出版发行	中国水利水电出版社 （北京市海淀区玉渊潭南路1号D座　100038） 网址：www.waterpub.com.cn E-mail：sales@mwr.gov.cn 电话：(010) 68545888（营销中心）
经　　售	北京科水图书销售有限公司 电话：(010) 68545874、63202643 全国各地新华书店和相关出版物销售网点
排　　版	中国水利水电出版社微机排版中心
印　　刷	天津嘉恒印务有限公司
规　　格	170mm×240mm　16开本　8.5印张　166千字
版　　次	2023年6月第1版　2023年6月第1次印刷
定　　价	**48.00**元

前　言

能源是经济和社会发展的基本动力，发展以风电、光电为代表的可再生能源是未来全球能源转型的重要趋势。截至2020年年底，全球风电装机和光电装机共1446 GW，风电和光伏发电约占全球发电量的10%，预计到2050年，风光将提供总电力需求的55%。然而风电、光电具有显著的随机性、间歇性和不可储存性特征，其大规模接入必将增加电网的稳定运行压力，限制电网对风电、光电的消纳能力。水电具有调节速度快、能源可存储等优点，与风、光电站的出力之间具有较好的互补性。为此，依托大型水电基地，探索和发展水风光多能互补开发利用模式，充分利用流域水电站群的调节性能及其与风电出力、光伏出力间的互补特性，通过联合调度运行将多种能源打捆外送和集中消纳，这对于平抑风、光出力波动性和间歇性对电网的冲击，解决可再生能源的消纳难题，推动建设清洁低碳、高效安全的能源体系具有重要意义。

近年来，雅砻江、金沙江、澜沧江等大型水电基地均已开始规划和部署水风光多能互补清洁能源基地，其装机规模均达到数千万千瓦。这些基地是由不同类型、不同外送方式电站共同组成的大规模混合发电系统，构成了复杂的水力-电力耦合体系，这对于水电系统调度运行传统理论方法提出了挑战。一方面，长期尺度下的风电出力、光伏出力和径流具有较强的时序不确定性，如何提供更准确的长期风光出力和径流预报，提升调度决策的科学性和可靠性；另一方面，考虑风能、光能、水能资源不确定性的影响，以及水利、电力等多重安全稳定运行约束的限制，如何有效协调不同资源的互补运行方式，充分发挥水风光多能互补系统的效益，这是我国多能互补清洁能源系统调度运行所面临和急需解决的重大实际问题。

本书共6章，主要内容包括：第1章是研究背景和风光出力预测和径流预报、水风光多能互补调度、水电站水库调度等方面的研究进展。第2章分析了流域水风光资源特性及出力互补性，建立了基于季节差分自回归滑动平均模型（SARIMA）、随机森林模型（RF）和长短期记忆神经网络模型（LSTM）的风电出力、光伏出力及径流组合预报模型。第3章提出了适应于大规模风光接入下的梯级水库调度图形式和方法，分别构建了考虑风光出力预报的单判别因子预报调度图，与考虑风光出力及径流预报的双判别因子预报调度图；以系统发电效益最大为目标，建立了水风光多能互补调度图优化模型，提出了逐次逼近法与混洗自适应进化算法嵌套的双层求解方法。第4章提出了预报信息驱动的水风光多能互补系统两阶段决策模型，通过梯级水库余留库容控制将多阶段调度决策问题转化为包含面临时段和余留期阶段的两阶段决策；提出了余留期能量曲面定量表征面临期末梯级水库不同蓄水量下与余留期风光出力、入库径流所能够共同产生的发电效益，用以协调近期效益和远期效益；在此基础上，以当前时段和余留期的全景效益（发电量）最大化为目标，构建了基于余留期能量曲面的调度模型，指导水风光多能互补系统的长期调度决策制定与滚动更新。第5章探讨了预报信息的利用方法，并揭示了预报不确定性对水风光互补系统的发电效益和可靠性的影响，建立基于不同映射模型和不同预见期的两阶段调度模拟模型，提出了两阶段决策模型预报信息的利用方式和有效预见期；考虑系统发电效益和可靠性，分析了不同预报水平下调度图和两阶段决策模型的适用性。第6章总结了本书的主要成果并展望了今后的研究方向。

本书研究中的水文气象数据和电站运行资料来自中国气象数据网和雅砻江流域水电开发有限公司，本书的编写受到国家重点研发计划项目“基于时空大数据的梯级水电站智能调度与优化运行”（2019YFE010520）的资助，在此表示感谢。

水风光多能互补系统的调度和实践尚处在探索之中，限于作者的能力和水平，书中难免存在一些不足之处，恳请读者批评指正。

作者

2022年12月

目　录

第1章　绪　论

1.1　研究背景与意义

发展以风电、光电为代表的清洁可再生能源是未来全球能源转型的重要趋势，国际可再生能源署（IRENA）《2021年可再生能源容量统计年报》显示，到2020年年底，全球可再生能源容量达到2799GW。其中风电装机达到733GW，光伏装机达到713GW，分别占全球可再生能源电力装机的26.2%和25.5%。预计到2050年，风电和光伏发电将提供总电力需求的55%[1]。

我国风、光、水电资源丰富，加快风电、光伏、水电等清洁可再生能源开发利用是长期的可再生能源政策。据统计，截至2020年年底，我国可再生能源装机达到930GW，占总电力装机的42.4%，其中，风电装机281GW、光伏装机257GW、水电装机374GW，分别占可再生能源装机的30.2%、27.6%和40.2%，风电装机和光伏装机规模均稳居世界第一[2]。预计到2030年，全国风电、光伏总装机容量将达到1200GW以上。然而，随着风电站和光伏电站规模和数量的不断增加，由于风光能源的不可预测性、当地电力消纳能力有限等因素，我国出现了大量弃光、弃风现象。据统计，2017—2020年，全国年平均弃风率分别为12.0%、7.0%、4.0%和3.5%，全国年平均弃光率分别为6%、3%、2%和2%，造成了能源削减和经济损失[3]。未来随着我国风光清洁能源在国家能源结构体系中的比例进一步提升，风光清洁能源消纳问题将愈加突出，电网灵活性资源不足问题将愈加凸显。

水电能源具有调节速度快、能源可存储等优点，能有效缓解新能源出力波动给电力系统带来的影响，同时在时、日、月等不同尺度下与风、光电站的出力特性具有较好的互补性。为此，依托大型水电基地，探索和发展水风光多能互补开发利用模式，充分利用流域水电站群的调节性能及其与风、光出力间的互补特性，通过联合调度运行将多种能源打捆外送和集中消纳，这对于平抑风、光出力波动性和间歇性对电网的冲击，解决清洁能源的消纳难题，推动建设清洁低碳、高效安全的能源体系具有重要意义。

近年来，雅砻江、金沙江、澜沧江等大型水电基地均已开始规划或部署水风光多能互补清洁能源基地，其装机规模均在数千万千瓦级别。这些基地是由不同类型、不同外送方式水电站共同组成的大规模混合发电系统，构成了复杂的水力-电力耦合体系。大规模风光接入势必将改变水电站的调度方式，这对于水电系统调度运行传统理论方法提出了挑战。对于水风光多能互补系统，预报和调度是其优化运行的两大核心。预报信息作为调度模型的输入，其准确度和可靠性直接关系到调度决策。中长期尺度下的风电出力、光伏出力和径流具有高度复杂的非稳态、非线性特征，特别是风光出力受风速、太阳辐射和温度的影响，具有较强的时序不确定性，很有必要提出一套能适合中长期风电出力、光伏出力和径流的预报技术。对于水电站水库调度，现行的水库调度方式通常以充分发挥水库自身调度效益为目标制定，当大规模风光出力接入水电站时，原有的水库调度方式不能有效协调不同资源的互补运行，同时水风光多能互补系统中不同类型电站间的电力-水力关系更加复杂，增加了水电协调风光调度的难度。

鉴于此，本书围绕水风光多能互补系统长期调度问题，分析水风光能资源在长期尺度的特性，提出适合长期风电出力、光伏出力和径流的预报模型；研究大规模风光接入背景下的梯级水电站调度规则，提出结合风电出力、光伏出力及径流预报的梯级水电站调度图；针对协调水风光多能互补系统近期效益和长期效益的问题，提出预报信息驱动的水风光多能互补系统两阶段决策模型，指导长期调度决策制定与滚动更新。这对于提高我国大规模水风光多能互补系统科学调度和高效运行水平，发展多重不确定性下多能源互补优化调度理论方法体系具有重要的理论意义和实际应用价值。

1.2 国内外研究进展

多能互补系统通常是指由可再生能源与传统能源或者由多种可再生能源组成的混合能源系统。充分发挥风、光、水、生物质、地热、天然气等不同类型能源间的互补优势，能够有效提高新能源消纳、缓解能源短缺和应对气候变化等问题。水风光多能互补系统中长期调度运行主要面临资源预报和电站调度两大难题，近年来国内外学者从风光出力和径流预报、水风光多能互补调度和水电站调度等方面开展了广泛的研究。

1.2.1 风电出力、光伏出力预测及径流预报研究

1.2.1.1 风电出力、光伏出力预测

风力发电、光伏发电主要受所在地区风场、温度、太阳辐射等气象因素影响，呈现出很强的随机性。根据预测方式的不同，风电出力和光伏出力预测方法可分为直接预测和间接预测[4]。直接预测方法是根据采集的历史数据直

接对出力进行预测，无中间输出。熊图[5] 运用广义回归神经网络以数值天气预报信息作为预报因子直接对风电场出力进行预测。高相铭等[6] 通过相似日的光伏出力时间序列，利用经验模态分解将光伏出力曲线分解为多个固有模态分量和趋势分量，并对每个分量进行预测，通过分量重构直接对光伏出力进行预测。间接预测法是先对风速或辐射强度进行预测，再由风电转换模型或光电转换模型得到风电出力或光伏出力的预测值。丁明等[7] 基于自回归滑动平均模型预测风电场短期风速，其预报误差可小于10%。Mondol等[8] 采用地表辐射模型针对特定区域确定太阳辐射量，再由光电转化模型对光伏出力进行预测。然而，间接预测由于机组出力还与风能利用系数、太阳能利用系数等因素有关，且同时受风电场和光伏电站的运行状态以及所处的地形、地貌、天气等因素的影响，因而通过风速预测或辐射强度预测进行建模存在较大的累积误差。

按照预测机制可将风电出力、光伏出力预测模型分为物理机制预测模型和数理统计预测模型[9]。其中物理机制模型侧重于对物理过程进行描述，大气环流、行星相对位置、地球自转速度变化规律、太阳活动、陆地海洋下垫面情况等因素都与风速、辐射过程的变化规律密切相关[10]。基于物理模型的预测常采用数字天气预报技术，丹麦ENFOR公司的SOLARFOR系统将光伏电站的历史处理数据与数值天气预报输出要素结合，实现短期光伏出力预测[11]。Wang等[12] 基于傅里叶相位相关理论，利用天空云层分布的图像信息，对光伏电站发电量进行了超短期预测。基于数理统计方法的预测模型是一种常用的时间序列预报方法，它以概率论和数理统计原理为理论基础，依据大量的历史数据来建立预报对象的时间变化规律以及预报对象和预报因子之间的统计关系，进而对风光出力进行预测。近年来，由于新的数学分支及计算机技术水平的发展，基于智能算法的预报技术得到了广泛的应用。基于人工智能方法的预报模型一般无须建立研究对象精确的数学模型，可有效弥补传统方法单纯依靠数学方法求解的不足。在风光出力预测中，使用较多的人工智能方法是神经网络模型、随机森林模型等。通过将风速、风向、气温、辐射、气压和湿度等影响风光电站输出功率的因素或风光出力本身作为输入，建立预测模型来预测风电出力及光伏出力。黄磊等[13] 利用改进的向量自回归模型将光伏电站历史出力与气象监测数据相结合，建立支持向量机光伏出力局部预测模型，生成了光伏出力模拟序列，并将其应用于小范围智能电网的小时尺度预测。周泽虹[14] 利用随机森林模型对小时尺度风电出力进行了预测，获得了比较准确的预测结果。孟鑫禹等[15] 结合经验模态分解与神经网络方法对超短期风电出力进行了预测，预测精度比差分移动平均自回归模型有很大提高。

总体上，对风电出力和光伏出力的预测大部分研究集中于短期日尺度或小时尺度的预测，对于中长期预测，时间尺度一般为旬尺度或月尺度，其关注点不再是时序出力的准确性，而是关注于中长周期内风电站和光伏电站的可发电能力，主要受到中长周期内有效风能资源和太阳能资源的影响，需要进一步研究适合中长期风光出力的预测模型。

1.2.1.2　径流预报

对于径流中长期预报，与风光出力预测类似，按照预报机制也可分为物理机制模型和数理统计模型。在物理机制模型预报方面，流域径流与全球水文气象因子之间存在着复杂的关系。Hamlet 等[16]、Whitaker 等[17] 运用物理成因方法分别研究了厄尔尼诺和太平洋十年涛动与北美哥伦比亚河流的洪涝关系、南方涛动与印度北部地区恒河的流量关系。与之相似，吕爱锋等[18] 经过研究发现厄尔尼诺和太平洋十年涛动与我国三江源地区径流量之间的相关性显著，进而为该地区的中长期径流预测提供了参考依据。刘勇[19] 通过分析大气环流、海洋、陆地和天文物理因子对水文要素的影响，对丹江口水库的入库径流进行了中长期预报，特别是对秋汛期有较好的预报效果。

数理统计方法基于概率论和数理统计理论，从大量历史水文资料中寻找径流自身的历史演变规律或径流和其它预报因子之间的统计规律，以此进行预报[20]。基于数理统计的径流预报模型由于方法相对简单、实施方便得到了广泛应用[21]。例如，时间序列方法、多元回归方法、逐步回归方法等[22]。Box 等[23] 提出了差分自回归移动平均（Autoregressive Integrated Moving Average，ARIMA）模型，使得线性时间序列分析有了重大的发展。对于非线性时间序列，汤家豪[24] 提出了门限自回归模型，通过分区间建立线性自回归模型来描述研究对象整个区间的非线性变化特性。针对季节性变化特征明显的径流预报，孟明星等[25] 建立了季节性自回归（Seasonal Autoregressive Integrated Moving Average，SARIMA）模型对葛洲坝的月径流进行预报，并总结了 SARIMA 模型的建模技巧。徐敏等[26] 采用 ARIMA 模型对宜昌的月径流进行预测，并分析了时间序列长度对 ARIMA 预报结果的影响规律。随着人工智能技术的发展，机器学习、人工神经网络等智能方法引入到水文建模的研究，进行不同时间尺度的径流预报。Hsu 等[27] 研究发现三层结构的反向传播（Back Propagation，BP）神经网络基本能满足水文预报的要求。Faruk[28] 发现人工神经网络模型对径流的预报性能可与物理模型相媲美。为了识别径流序列中不同的频率成分，Huang 等[29] 使用经验模态分解法将月径流序列划分为不同的子序列，然后对每个子序列分别构建支持向量机模型，有效提高了预报精度。何昳颖等[30] 针对有限资料的小尺度流域，采用 BP 神经网络进行月径流量模拟预测，通过与新安江模型、HSPF（Hydrological Simulation Program－Fortran）模型预报结果对比，表明BP神经网络在小流域地区的径流预报方面更具优势。左岗岗[31] 分别采用支持向量机、梯度迭代决策树和深度神经网络对渭河流域的月径流进行了预测，深度神经网络预测效果最好。李伶杰等[32] 采用随机森林与支持向量机对水库长期径流进行了预报，并发现支持向量机对径流预报有更高的泛化能力。近年来，随着算法理论及GPU计算能力的发展，出现了不同的神经网络架构应用于水文预报的研究案例，例如循环神经网络（Recurrent Neural Network，RNN），长短时记忆神经网络（Long Short - Term Memory，LSTM）等。冯锐[33] 结合BP模型非线性映射能力强和LSTM模型能够长时间的保留前期时段信息的优点，提出LSTM - BP耦合神经网络径流预测模型，相比单一神经网络模型能进一步提高预报精度。

目前，采用单一预报模型进行中长期径流预报研究比较充分，基于不同预报模型的组合预报其精度较单一模型有着较大的提高，如何充分发挥各个模型的优势，提高组合模型预报结果的可利用性有待进一步研究。

1.2.2 水风光多能互补调度研究动态

水风光多能互补系统的核心是利用水电快速灵活的调节能力来平抑风光出力不确定性，提升互补发电系统输电质量以及多种能源的综合利用效率。依据调度时段，水风光多能互补系统可分为长期（月/旬）和短期（日/时）调度。长期调度通常以保证多能互补系统在长时间运行中效益较优为目标，为短期调度提供能够兼顾系统长远效益的边界条件[34]。短期调度则基于长期调度提供的边界条件来指导电站实时运行。本节针对水风光互补系统的长期调度和短期调度研究进展进行说明。

1.2.2.1 长期水风光多能互补调度

水风光多能互补系统的长期调度通过利用风能、太阳能和水能资源的季节性分布特征和互补性来提高系统在长时间尺度的全景发电效益。通常以提高多能互补系统的整体发电量、发电保证率以及降低发电成本为目标[35-38]。例如，李芳芳等[39] 提出了大型水光互补电站以发电量最大和互补出力波动性最小为目标的确定性多目标优化模型，针对龙羊峡水光互补工程，提出了丰、平、枯典型水文年的优化运行策略，为水光互补长期运行提供了技术指导。Singh等[40] 建立了以发电成本最小为目标的水火光长期优化调度模型，并嵌套了短期优化调度模块，能够有效降低发电成本，但随着光伏出力渗透率的增加，发电成本降低幅度相应减小。Yang等[41] 以最大化系统的发电量和发电保证率为目标建立了确定性水光互补优化调度模型，以指导水光互补长期运行，并基于隐随机优化方法，以各时段末的可用能量和水库库容作为自变量和决策变量，提取了水光混合发电系统的长期调度规则。Opan等[42] 以发电量最大为目标开展了水风长期优化调度研究，并对比了水风联合、水风独立以及无风电三种运行情景。

结果表明前两者发电量类似，且均高于无风电情景。除了考虑经济方面的目标，Liu 等[43] 在对风光水系统优化调度研究中纳入了水电站对河流生态系统的影响，建立了以总发电量最大、最小出力最大、年度流量偏差比例最小为目标的风光水长期多目标优化调度模型，运行结果显示风光水多能发电系统发电效益与水电站下游河流生态效益之间存在显著竞争关系。

风光出力及径流输入的不确定性会直接影响发电系统运行效果，通常采用随机优化方法或鲁棒优化方法进行处理。随机优化方法的基本思想是将水风光多能互补系统不确定的参数看作服从某一分布函数的随机变量，通常利用概率场景来表征，可分为机会约束优化模型和期望值模型。对于机会约束优化，其特点在于决策不必完全满足约束条件，但满足约束条件的概率不小于给定的置信水平。李杏等[44] 和何钟南[45] 针对风电出力不确定性，构建了基于机会约束的水风发电系统随机优化调度模型。结果表明，考虑风电不确定性后系统效益更高，同时应选择合理的置信水平以提高收益。期望值模型是解决随机优化问题常用且有效的方法，通过求解随机变量对应目标函数值的数学期望，把随机优化转化为一个确定性数学优化问题。胡源等[46] 采用三点估计概率潮流方法对风电出力进行采样，建立多目标电网规划的期望值模型来计及风电出力的不确定性。徐斌等[47] 以最大化水电和风电混合系统的发电量为目标，建立基于不同风电出力场景的期望值优化模型，来分析水电和风电的收益与风险之间的协调关系。另外，具有不确定性特征的输入变量也可以直接以概率形式带入模型中，Li 等[48] 针对龙羊峡水光互补电站，采用随机动态规划方法，直接在优化模型中结合变量的概率信息。利用光伏出力和径流的联合转移概率来同时考虑径流和光伏不确定性，以及利用光伏出力和径流各自的独立转移概率来单独考虑光伏和径流不确定性。在以总发电量和保证率最大化为目标的水光互补长期优化运行研究中，发现相比联合考虑光伏出力和径流的不确定性，独立考虑它们的不确定性可进一步提高系统运行效率。随机优化方法需要依赖于历史数据挖掘随机变量的概率分布，计算复杂，难以精确反映系统的随机运行状态。

鲁棒优化方法不依赖于详细的概率分布，不确定因素被限制在带有上下界的区间中，所设计的运行方案必须对区间内所有随机性场景可行，其目标是求解不确定参量最劣情况下的最优决策。林弋莎等[49] 基于鲁棒优化的思想，针对以水电和风电为主、火电为辅的多能源系统，提出了中长期跨时段嵌套调度模式。引入径流不确定区间，通过考虑可能的较差场景，优化月度计划库容运行边界，进而改善实际月内计划的经济性。

总体上，在考虑水风光多能互补系统输入的不确定性问题上，随机优化方法需要依赖于历史数据挖掘随机变量的概率分布，在模型中将随机变量以概率的形式表示，求解模型目标的期望值；或者通过生成大量的随机变量场景来靠近动态过程，实际上并不能有效应对已经发生的变化。鲁棒优化方法考虑不确定变量在最不利情况下得到的目标函数优化值，然而最不利场景极少发生，具有保守性，并不能很好地指导实际的水库的调度。目前的研究大多针对风水、光水等单一类型新能源接入单一水库的情况，对于多种新能源接入流域梯级水电站的发电系统，水力和电力联系更加复杂，风能光能和径流的多重不确定性使发电系统优化调度工作更加困难，如何协调不同能源的调度有待进一步的研究。

1.2.2.2 短期水风光多能互补调度

短期调度通常基于长期调度提供的水量、电量控制条件来指导电站实时运行，一般以保证电网、电源安全稳定，平抑风光出力波动性等为目标。与中长期不同，时间尺度越短，风光随机性和间歇性特征越显著。为使得出力更加平稳，电力系统将光伏发电和抽水蓄能电站集成，先通过抽水蓄能电站调蓄风光不确定性，然后一起打捆输送至电网，但互补运行方式必须配套投资高昂的抽蓄电站[50-51]。与之相比，常规大水电调蓄能力强，在调节电网峰荷、平滑风光锯齿形出力曲线等方面更加有效，能够输出更加稳定的联合总出力。目前，短期多能互补调度的目标主要集中于出力波动性最小、新能源利用率最大、耗水量最小、运行成本最低等方面。为保证电网的稳定高效运行，通常要尽可能地减小发电系统出力波动并使得出力尽量靠近负荷变化过程。Wang 等[52] 以系统总出力波动最小为目标建立了水风光互补的双层调度模型，以填补小时尺度出力波动以及减轻日内峰谷差异。王开艳等[53] 针对由风电、抽水蓄能、水电和火电组成的多能互补系统协调运行问题，加入了风电入网后负荷波动最小的目标。张歆蒴等[54] 考虑到电源侧出力与电网侧负荷的匹配度，建立以最大源荷匹配度为目标的水光互补短期调度模型。考虑到发电系统的经济运行，熊铜林[55] 和 Ghasemi 等[56] 通过最小化发电系统的运行成本，得到水风光多能互补系统的优化调度策略。Apostolopoulou 等[57] 开发了以各时段的发电水头之和最大以及水电弃水量最小为目标的梯级水光互补短期多目标优化调度模型，结果表明该模型获得的优化调度策略优于与每个水电站的最大容量成比例的调度策略。Yang 等[58] 则以耗水量最小为目标，考虑到机组的性能差异建立了风水互补系统的厂内经济运行模型。另外，为增加新能源的接入比例，Wang 等[59] 以风光出力消耗比例最大为目标建立多能互补调度模型，通过合理的水电调度提高新能源的消纳。李铁等[60] 针对调峰问题，提出一种水风光火储多能系统协调优化调度策略，通过利用储能装置削峰填谷特性和火电机组深度调峰能力，降低负荷峰谷差，提高系统可再生能源的消纳空间。

对于水风光互补短期调度中水风光能源的不确定性问题，与长期调度类似，通常也采用随机优化模型或鲁棒优化模型来进行处理。Zare等[61]提出了风光抽蓄两阶段随机优化调度模型，并采用场景生成和场景缩减方法应对电价及光风不确定性，结果表明抽蓄不仅能解决光风电出力预测误差，还能提高系统利润。Ming等[62]考虑了光伏出力的不确定性，建立了基于出力和发电机组状态为决策变量的鲁棒优化模型，用于指导水光互补系统的日发电调度。李伟楠等[63]提出了趋势场景缩减方法来获得典型概率场景，并建立了考虑系统发电量和出力波动的水光风短期期望值随机优化调度模型。Zhu等[64]以情景树刻画风电、光电、流量和电力负荷的不确定性，以扣除水风光联合出力之后的剩余负荷的峰谷差最小为目标建立了水风光多能互补系统随机短期期望值优化模型，基于所有情景下，优化目标函数的期望值，能够有效平滑剩余负荷的峰谷差异，降低电网运行成本。杨策等[65]假设风力发电的波动性服从未知概率分布，利用可获取的风电出力历史数据信息，建立分布鲁棒模糊集以刻画风电出力不确定性。短期调度由于尺度精细具有可操作性，可根据方案实施后的实况反馈至长期调度[66]，便于长期调度动态调整后续阶段的方案。

1.2.3 水电站水库调度研究动态

对于水风光多能互补系统，由于风光出力具有不可大规模储存的特性，其核心问题是风光出力接入条件下的水电站水库调度，水电站水库调度模型和方法可为水风光多能互补调度提供理论基础。水电站水库调度可分为常规调度和优化调度。

1.2.3.1 常规调度

水库常规调度通常是指基于调度规则指导水库长期调度，确定满足水库既定任务的蓄泄过程[67]。调度规则实际上是对水电站水库运行规律的一种概括和总结。由于调度规则在制定过程中考虑了径流的随机特性，在“一致性”假定的前提下，调度规则被认为是指导水电站水库运行的一种有效工具[68]。调度规则根据其呈现形式大致可分调度原则、调度函数和调度图等类型。

调度原则是一种利用语言叙述的调度规则，其形式不如调度图和调度函数直观，通常是一种指示性的调度运行准则[69]。针对不同的调度目标，水库群调度原则也不同。对于以供水为目标的串联梯级水库群，为减少弃水损失，调度原则一般为上游水库先蓄水、下游水库先放水[70]；而对于以发电为主的梯级水电站群，可采用K值（蓄放水判别系数）判别法决定水库的蓄放水时机[71]。

调度函数是一种基于函数形式表征调度决策与运行要素之间关系的调度规则。调度函数根据选用的函数线型，可分为线性型和非线性型；根据选用的自变量和因变量的种类，可分为水量调度函数和能量调度函数[72]。调度函数样本输入、线型以及拟合方法是决定调度函数科学性和实用性的三个关键因素[73-74]，回归分析、数据挖掘等方法被广泛应用于调度函数提取[75]。

调度图是以水位或库容为纵坐标，以时间为横坐标，通过多条调度线将水位或库容划分成若干决策区域的一种图形[76]。由于调度图具有物理意义明确、形式直观等优点得到了广泛的研究和应用，对指导水库长期调度运行具有重要意义[77]。

常规调度图编制通常采用时历法，通过对典型年或典型系列的径流调节计算，得到不同时段出库流量或出力与库水位之间的分段线性关系，进而绘制出常规调度图，编制过程较为烦琐、需要结合管理者的经验进行人工修正，存在一定的优化空间[78]。为此，很多学者对调度图的优化进行了研究，主要集中于发电、供水及生态效益等方面[79-80]。针对以供水为主要功能的水库，Celeste等[81] 基于参数-模拟-优化框架构建了水库供水调度图，并发现相比于线性方程和黑箱模型，调度图能够更加灵活的根据需求添加外部约束。

Taghian等[82] 针对供水型水库，以最小化缺水量为目标，提出了耦合对冲规则的水库常规调度规则并进行了优化，能够合理地制定水资源分配决策，减轻水短缺的现象。考虑到未来气候变化和水库对生态环境的影响，Zhou等[83] 在供水调度图中引入了生态限制线来满足生态需水要求。对于以发电为主要功能的水库，通常关注水电站的发电量和发电保证率[77] 等指标。王旭等[84] 以多目标遗传算法为基础设计调度图编码结构，以年平均发电量最大和发电保证率最大为目标，构建了调度图优化模型。对于梯级水电站水库，纪昌明等[85] 和Jiang等[86] 通过建立针对梯级水库的总出力调度图及时段内各水电站的出力分配模型，来实现梯级水电站的联合调度。

另外，为了在调度图中结合预报信息，徐炜[87] 采用参数-模拟-优化的方式建立考虑径流预报信息的水库群发电预报调度图。考虑到气候变化的影响，Yang等[88] 针对丹江口水库，提出了自适应调度图以保证水电站发电效益及水库供水效益。考虑到水库调度对下游生态的影响，Ding等[89] 根据针对以发电为主要功能的水库，在兴利调度图中添加了生态限制线，有效地缓解了下游河道生态流量过低和过高的情况。以上研究都是针对常规水库系统，资源类型单一。针对异质能源接入水电站的情况，明波[90] 针对龙羊峡水光互补基地，提出了考虑发电量、发电保证率和缺水指数的中长期水光互补调度图，对于光伏电站接入单一水电站的能源系统，能够有效协调其水力发电和光伏发电。对于风电和光电同时接入梯级水电站的多能互补系统，面对更加复杂的目标要求和多维约束，如何确定合适的梯级水电站水库的调度图有待进一步研究。

1.2.3.2 优化调度

水库优化调度是在水库常规调度的基础上，引入优化算法，通过模型构建将水库调度问题转化为非线性约束条件下的目标优化问题[91]。水库优化调度有利于实现水资源合理利用，在防洪、发电、灌溉、供水、生态等方面得到了广泛的应用。

针对由多个水库构成的水库群或梯级水库的优化调度，为避免或缓解“维数灾”问题，通常采用分层协调优化的思想进行优化模型求解。李玮等[92]针对清江梯级水库群，提出了基于预报及库容补偿的水库群防洪补偿联合调度逐次渐进协调模型，运用大系统分解协调理论及贝尔曼的逐步逼近思想，通过建立三层递阶结构推求水库汛期防洪库容动态控制方案，在不降低水库及梯级原有的防洪标准前提下，有效地利用了上游水布垭水库的防洪库容来分担隔河岩水库部分防洪任务，显著地提高了梯级水库发电量。刘宁[93]针对三峡梯级和清江梯级水电站群联合调度，应用动态规划逐次逼近法（DPSA）寻求最佳的调度方式。康传雄[94]在梯级水库优化调度模型中，引入数学规划中的 SOS（special ordered sets）建模工具，处理调度问题中的非线性关系；同时，基于梯级水库的水力联系，设计了梯级水库蓄水分配曲线，把梯级水库当作一个整体进行优化，有效提高了计算效率。随着计算机和人工智能等技术的发展，以遗传算法、蚁群算法、蛙跳算法等为代表的智能进化算法广泛运用于水库调度的优化[95-97]。智能算法能够处理难以显性表达的问题，不受限于目标函数和约束条件的形式[98-99]。刘心愿等[100]基于大系统聚合分解理论，建立了清江梯级水电站总出力调度（聚合）与出力分配模型（分解）相结合的双层优化模型，分别采用多目标遗传算法（NSGA－Ⅱ）和离散微分动态规划（DDDP）进行优化，能够有效降低计算复杂度并增加梯级电站的发电量。李想等[101]采用粗粒度并行遗传算法求解三峡—葛洲坝梯级水库发电量最大模型，相比较传统遗传算法能够快速得到更加接近于全局最优解的优化结果。明波等[102]改进了布谷鸟算法的个体更新和变异机制，并对梯级水库兼顾保证出力的梯级总出力最大模型进行求解，能够有效提高梯级水库的效益。李荣波等[103]融合混沌理论改进了传统蛙跳算法易陷入局部最优、收敛速度慢等不足，将其应用于水库优化调度的模型求解中。

考虑到径流的不确定性，Willis 等[104]首先利用其构建的确定性优化调度模型获得不同径流系列的最优调度过程，然后通过构建概率质量函数得出了水库的月调度规则；Celeste 等[81]利用二次规划获得最优调度过程，并利用多元非线性回归、二维曲面模型和自适应神经模糊推理系统（ANFIS）分别推导出调度规则。另外，处理不确定性的另一个重要手段是显随机优化，以随机动态规划（SDP）为代表的优化模型开展了较多的研究。SDP 能够有效提高发电系统的效益，其直接把变量的不确定性以概率形式带入模型中[105]。为了将预测信息整合到 SDP 中，Karamouz 等[106]提出了一种基于贝叶斯理论的 SDP（BSDP）模型，该模型通过将先验概率更新为后验概率来整合预报信息，以减少预报的不确定性。Mujumdar 等[107] 使用 BSDP 模型求解多水库水电系统的运行策略。为了量化流入的不确定性，Xu 等[108] 将预报时段划分为两个阶段（短期阶段和中期阶段），认为短期阶段预报准确，中期阶段则具有高度不确定，对流量不确定性进行了不同的处理。Lei 等[109] 以 Copula 函数为理论基础，提出径流状态转移概率的理论估计方法。考虑到梯级水电站运行的复杂性，Tan 等[110] 提出了余留库容的近似效用函数，建立两阶段优化模型来处理径流长期预报的不确定性。可见，对于考虑径流预报不确定性的水库调度已经取得了很大进展。这对水风光互补发电系统的优化调度有一定的借鉴意义。

1.3 雅砻江水风光多能互补系统概况

1.3.1 流域概况

雅砻江流域位于青藏高原东部，具有丰富的水能、风能和太阳能资源。目前，干流共规划了 22 个梯级水电站，总装机容量约为 30000MW，是我国第三大水电基地。据初步估算，在雅砻江流域左右岸经济可开发范围内，风能、太阳能资源技术可开发量分别为 12000MW 和 20000MW，具备较大的开发潜力。雅砻江流域初步规划布局风电场址约有 80 个，光电场址约有 25 个，新能源拟装机容量超过 30000MW，水风光总装机将达到 60000MW，建成后将成为世界上最大的水风光互补清洁能源示范基地。雅砻江流域水风光能资源分布情况如下所述。

1. 水能资源

雅砻江流域大致呈南北向条带状，流域平均长度约为 950km，平均宽度约为 137km，河系为羽状发育，是金沙江第一大支流。雅砻江干流全长约为 1570km，流域面积约为 13.6 万 km^2，占金沙江（宜宾以上）集水面积的 27.1%左右。雅砻江河道下切十分强烈，沿河岭谷高差悬殊，相对高差一般在 500～1500m，河源至河口海拔自 5400m 降至 980m，落差达 4420m，蕴藏水能资源丰富。其中雅砻江干流两河口—江口河段拟定 12 级开发，装机容量共 26565MW，年发电量 1222 亿 kW·h，是干流的重点开发河段，并以发电作为主要开发任务。12 级水电梯级开发方案中两河口、锦屏一级和二滩三大水库分别具有多年调节、年调节和季调节能力，三个水库的总调节库容为 148.4 亿 m^3，建成后可实现该河段梯级完全年调节，成为四川省大江大河中电能质量最好的梯级水电站，并可对其下游金沙江梯级水电站以及长江的三峡、葛洲坝等水电站具有巨大的梯级补偿效益。

2. 风能资源

受四川省地形及大气环流特点影响，雅砻江干支流沿线存在多处风能资源较丰富的区域。例如，上游甘孜县所在经线东西约40km范围内，平均风速大多为7～9m/s；下游德昌县至米易县的安宁河谷的平均风速在6m/s以上；西昌市东北部地区、雅砻江最南端盐边县至攀枝花的干流以西等地区风速也较大。大面积的风能资源丰富区主要分布在甘孜等高海拔地区，但由于风电开发难度较大，目前开发的重点仍然集中在安宁河谷等低海拔区域[111]。

3. 太阳能资源

根据流域内气象站太阳辐射实测数据以及美国国家航空航天局（National Aeronautics and Space Administration，NASA）数据分析，雅砻江流域范围绝大部分地区太阳总辐射均超过5000MJ/m^2，日照时数为2000～2500h，属于太阳能资源二类或三类地区，具有较大的开发价值。其中木里、盐源、西昌、德昌、盐边的大部分区域年平均太阳能辐射值均为5500MJ/m^{2}以上，年日照小时数2500h以上，太阳能资源条件好；冕宁大部分地区年平均太阳能辐射值为5000～5500MJ/m^2，年日照小时数2000h左右，同样具有较好太阳能资源条件。

1.3.2　水电站及风光电站概况

目前，雅砻江下游5个梯级水电站：锦屏一级、锦屏二级、官地、二滩和桐子林已经全部投产运行，5个梯级电站总装机容量为14700MW，年发电量为721亿kW·h。这五个水电站在外送通道（锦苏直流、西南网、四川省网等）、送电任务（跨省特高压直流消纳、调峰调频等）、调节性能（年、季、日调节）等方面具有多样性和代表性。在已投产运行的5个水电站中，根据《雅砻江流域风光水互补清洁能源基地规划（2017年）》，锦屏一级水电站规划接入9个风电站和3个光伏电站（共2179MW），主要分布在冕宁县、盐源县和喜德县；官地水电站规划接入14个风电站和4个光伏电站（共3139MW），主要分布在西昌市、盐源县和德昌县；二滩水电站规划接入4个风电站和2个光伏电站（共1480MW），主要分布在盐边县和米易县；锦屏二级水电站不具备接入风电站和光伏电站的条件；桐子林水电站装机容量较小，与风光电站协调能力较弱，其周边风电站和光伏电站主要接入到二滩水电站，桐子林水电站也未规划接入风光电站。接入风光电站的锦屏一级水电站、官地水电站和二滩水电站基本情况如下所述。

1. 锦屏一级水电站

锦屏一级水电站（简称锦一水电站）位于四川省凉山彝族自治州盐源县与木里县交界处的雅砻江大河湾干流河段上，距雅砻江与金沙江的交汇口358km，是雅砻江卡拉—江口河段的控制性水库梯级电站。锦一水电站于2005年9月获国家核准并于11月12日正式开工，2013年8月30日，锦一水电站首批两台600MW的机组投产发电，并于2014年年底基本完建。枢纽大坝为混凝土双曲拱坝，坝高 305m。坝址以上流域面积为 10.3 万 km^2，占雅砻江流域面积的 75.4%，坝址处多年平均流量为 1220m^3/s。水库正常蓄水位 1880m，调节库容为 49.1 亿 m^3，具有年调节能力。

2. 官地水电站

官地水电站位于四川省凉山彝族自治州西昌市和盐源县交界的打罗村境内，坝址距西昌市的直线距离约 30km。于 2009 年 7 月 21 日筹建，2012 年 3 月开始投产发电，并于 2013 年 7 月全部竣工。官地水电站拦河大坝为碾压混凝土重力坝，最大坝高 168m。坝址以上控制流域面积为 11 万 km^2，坝址处多年平均流量为 1430m^3/s。水库正常蓄水位 1330m，调节库容为 0.29 亿 m^3，具有日调节能力。

3. 二滩水电站

二滩水电站位于雅砻江下游攀枝花市盐边、米易县境内，坝址距雅砻江与金沙江的交汇口 33km，于 1998 年 8 月第一台机组发电，1999 年 12 月 6 台机组全部投产，是雅砻江水电基地梯级开发的第一个水电站，也是我国 20 世纪内建成投产的最大水电站。枢纽大坝为混凝土双曲拱坝，最大坝高 240m，坝址以上流域面积为 11.64 万 km^2，约占雅砻江整个流域面积的 90%，坝址处多年平均流量为 1670m^3/s。正常蓄水位 1200m，调节库容为 33.7 亿 m^3，具有季调节能力。

锦一水电站、官地水电站和二滩水电站的详细参数及接入的风电站和光伏电站装机容量分别见表 1.1 和表 1.2。

表 1.1　　水电站水库基本信息

参　数	锦一水电站	官地水电站	二滩水电站
流域面积/万 km^2	10.3	11.0	11.6
装机容量/MW	3600	2400	3300
最大发电流量/(m^3/s)	2024	2399	2202
水力发电系数	8.5	8.5	8.5
正常蓄水位/m	1880	1330	1200
死水位/m	1800	1328	1155
总库容/亿 m^3	77.7	7.3	57.9
死库容/亿 m^3	28.5	7.0	24.2
规划接入的风电装机容量/MW	1049	1529	200
规划接入的光伏电站装机容量/MW	2090	650	1280

表1.2 锦一水电站、官地水电站和二滩水电站接入风、光电站

水电站	接入电站类型	接入电站	装机容量/MW
锦一水电站	风电	马头	150
		尤黑木	70
		金林	160.5
		漫水湾	100
		曹古	150
		冕山	150
		泸沽	30
		瓦吉木	168
		基打	70.5
	光伏	牦牛坪	30
		鲁坝	60
		扎拉山	2000
官地水电站	风电	金河	50
		牦牛山二期	210
		牦牛山一期	200
		白乌	99
		大河	60
		沃底	91.5
		阿萨	80
		平川	100
		后龙山	88.5
		小高山	150
		树河	120
		腊巴山一期	80
		腊巴山二期	100
		大山	100

续表

水电站	接入电站类型	接 入 电 站	装机容量/MW
官地水电站	光伏	米易县	200
		木邦银	300
		跑马坪	100
		黄草坪	50
二滩水电站	风电	格萨拉	50
		红宝	50
		国胜	50
		马鹿寨	50
	光伏	草坝子	80
		韭菜坪	1200

本书以雅砻江下游规划接入风电站和光伏电站的锦一水电站、官地水电站、二滩水电站以及接入的风电站和光伏电站共同组成的水风光多能互补系统（简称雅砻江下游水风光多能互补系统）为研究对象，开展大规模风光接入背景下梯级水电站水库长期调度研究。

1.4 主要研究内容和研究技术路线

1.4.1 主要研究内容

本书针对大规模风电、光电接入流域梯级水电站的多能源协同调度问题，分析流域风光水资源特性及出力互补性，构建多模型组合的风电出力、光伏出力和径流的长期预报模型，研究大规模风光接入下的梯级水库调度图形式和绘制方法，提出预报信息驱动的水风光多能互补两阶段调度模型，评估预报不确定性对水风光多能互补系统长期调度的影响，并对雅砻江下游水风光多能互补系统进行实例研究。本书主要研究内容如下所述。

1. 流域水风光资源特性分析及长期预报

建立长期尺度的风速、辐射强度及径流概率分布模型，分析水风光资源在长期尺度的分布规律；分析长期尺度下风速到风电出力函数关系（风电转换）、辐射强度和气温到光伏出力的函数关系（光电转换），提出长期尺度风光出力的计算方法，研究风电出力、光伏出力和水电出力之间的互补特性；分别建立风光出力和径流预报的季节差分自回归滑动平均模型、随机森林模型和长短期记忆神经网络模型，分析各模型优势，构建组合预报模型，评估组合预报模型性能。

2. 基于调度图的水风光多能互补调度规则

提出考虑风光出力和径流预报的梯级水库多种调度图形式；建立长短期水电折算函数。分析水风光多能互补系统的运行要求，明确目标函数和约束条件，建立梯级水库调度图优化模型，提出逐次逼近法与混洗自适应进化算法嵌套的双层求解方法，模拟互补系统的调度过程，评估不同形式调度图的效果。

3. 预报信息驱动的水风光多能互补两阶段决策

通过梯级水库余留库容控制，将多阶段调度决策问题转化为包含面临时段和余留期阶段的两阶段决策；提出余留期能量曲面，定量表征余留期不同水库蓄水量、风光出力、入库径流形势所能产生的发电效益；以当前时段和余留期的全景发电效益最大化为目标，建立基于余留期能量曲面的两阶段决策模型；对比分析互补系统的长期优化和常规调度过程，研究大规模风光接入后互补系统发电效益和梯级水库水位控制运用策略等方面的变化。

4. 预报不确定性对水风光多能互补系统长期调度影响

建立风光出力和径流的误差演进模型，生成不同预报水平的预报场景；建立基于不同映射模型和不同预见期的两阶段调度模拟模型，确定两阶段决策模型预报信息的利用方式和有效预见期；分析预报不确定性对调度图和两阶段决策模型发电效益和可靠性的影响，评价不同的预报水平下各方法的适用性。

1.4.2 研究技术路线

本书面向大型多能互补系统调度运行实际需求，开展大规模风光接入背景下梯级水库长期优化调度研究。分析流域水风光资源特性，建立长期尺度的风速、辐射强度及径流概率分布模型，基于回归分析建立长期尺度风电转换和光电转换函数关系，提出组合预报模型对风电出力、光伏出力和径流进行长期预报，并分析预报误差的概率分布规律。针对现行的以充分发挥水库自身效益为目标制定的水库调度图，不能有效协调不同资源互补运行的不足，结合风光出力及径流预报信息，提出针对水风光多能互补系统的多种类型梯级水库调度图，并基于组合模型的预报结果运用预报调度图模拟互补系统运行。考虑到长期预报精度不高以及预见期有限，为协调近期和远期效益，提出预报数据驱动的两阶段决策模型，基于风光出力预报数据进行长期决策的制定与滚动更新，分析互补系统的效益及梯级水库水位控制过程的变化。根据风光出力及径流预报误差的概率分布规律，采用误差演进模型生成不同预报水平的预报场景，探究调度图和两阶段决策模型的适用性，评估预报不确定性对水风光多能互补系统长期调度的影响。本书研究技术路线如图1.1所示。

图 1.1 本书研究技术路线

第2章　水风光资源特性及长期预报

风能、光能和水能资源特性和预报水平是研究多能源互补关系的重要前提，也是不同类型电站科学调度运行的关键依据。本章首先对水风光资源特性进行分析，探究不同类型能源出力的互补性；建立风电出力、光伏出力和径流中长期预报模型，并分析预报误差的分布情况。

2.1　水风光资源特性、出力计算及出力互补性

2.1.1　水风光资源特性

1. 风能资源特性

风是表示气流运动的物理量，由于大气存在压力差而形成。风能的主要利用方式是通过风机进行风力发电。风速受到多种因素的影响，如温度、气压、地形、海拔和纬度等，表现出很强的随机性，导致风电出力亦具有随机性特征。通常，可采用伽马分布、对数正态分布、瑞利分布、威布尔分布和布尔分布等概率分布模型来定量表征风速的随机性。其中，伽马分布是最早用于拟合风速分布的模型，模型将风速视为离散的随机变量[112]；对数正态分布能消除数据中的异方差，避免数据变化带来的剧烈波动，总体上能说明风能资源分布规律，但它在低风速和高风速情形下的风速频率拟合效果较差[113]；瑞利分布模型是威布尔分布模型的一个特例，瑞利分布模型能够以适当的精度来描述风速的分布情况，它所需要的最重要参数是风速的平均值，当平均风速小于4.5m/s时，瑞利分布模型的可靠性较差[114]；威布尔分布模型对不同形状的频率分布有很强的适应性，能较好地描述风速的分布[115]，但不能拟合某些极端的风速分布[116]。采用何种风速概率分布模型，要根据研究地区的风资源具体情况而定，其中，威布尔分布模型应用最为广泛，其概率密度函数为

$$f(v)=\frac{k}{c}\left(\frac{v}{c}\right)^{k-1}\exp\left[-\left(\frac{v}{c}\right)^{k}\right] \tag{2.1}$$

式中：v 为风速，m/s；k 为形状参数；c 为尺度参数。

2. 太阳能资源特性

太阳能是指太阳内部连续不断的核聚变反应过程产生的能量，通常采用到

达地面的太阳辐射来表征太阳能资源[117]。太阳能受地理因素（纬度、海拔、地形条件等）、天文因素（太阳常数、太阳高度角等）以及太阳辐射穿过大气层衰减程度的影响，不同区域、不同时间段的表现规律不尽相同[118]。随着地球的公转和自转，日内以及年内的太阳辐射变化具有周期性。辐射强度在短时间内（小时尺度）可以近似服从贝塔分布[119]。日尺度辐射强度的概率密度通常呈现双峰的特性，可采用二阶高斯概率分布来表示[120]。对于长期（旬尺度或月尺度）太阳辐射的分布通常呈现单峰的特征[121]。对于具体的研究区域，通常根据辐射实际情况，基于统计方法确定其概率分布模型。其中，常用的高斯分布模型的概率密度函数为

$$f(r)=\frac{1}{\sqrt{2\pi}\sigma}\exp\left[-\frac{(r-\mu)^2}{2\sigma^2}\right] \tag{2.2}$$

式中：r 为辐射强度，W/m^2；μ 为高斯分布的期望值；σ 为标准差。

3. 水能资源特性

水能是指水体包含的动能和势能等能量资源，主要利用方式为水力发电。对于某一具体流域而言，水能的特性规律主要取决于该流域的径流特征。径流的变化过程受到气候气象、自然地理和人类活动的影响，是高度复杂的非线性、非稳态过程，具有一定的随机性。对于径流随机性，通常利用皮尔逊Ⅲ型（P-Ⅲ型）分布模型来刻画[122]。P-Ⅲ型概率密度函数为

$$f(x)=\frac{\beta^\alpha}{\Gamma(\alpha)}(x-a_0)^\alpha e^{-\beta(x-a_0)} \tag{2.3}$$

式中：$\Gamma(\alpha)$ 为 α 的伽马函数；α、β、a_0 为P-Ⅲ型曲线分布的形状、尺度和位置参数（$\alpha>0$、$\beta>0$）。

α、β 和 a_0 与径流序列的均值 $\overline{x}$、变差系数 C_v、偏态系数 C_s 关系为

$$\alpha=\frac{4}{C_s^2};\quad \beta=\frac{2}{\overline{x}C_vC_s};\quad a_0=\overline{x}\left(1-\frac{2C_v}{C_s}\right) \tag{2.4}$$

2.1.2 水风光出力计算

1. 风电出力计算

对于风力发电的计算，风电出力与风速大小和风电站风机的型号有关，通常可以通过式（2.5）计算[123]。当风机处的风速达到切入风速（$v_{\text{cut-in}}$）时，风机开始运行发电；当风机达到额定风速（v_{rated}）时，风机出力为额定出力，风机在额定风速下的出力达到最大；当风机超过切出风速（$v_{\text{cut-off}}$）时，风机停止运行。

$$Nw_t=\begin{cases}0 & [0,v_{\text{cut-in}})\\ \left(\dfrac{v_t}{v_{\text{rated}}}\right)^3 Iw & [v_{\text{cut-in}},v_{\text{rated}})\\ Iw & [v_{\text{rated}},v_{\text{cut-off}})\\ 0 & [v_{\text{cut-off}},+\infty)\end{cases} \tag{2.5}$$

式中：Nw_t 为 t 时段的风电出力，MW；v_t 为 t 时段的风速，m/s；Iw 为风电场的装机，MW。

风速和风电出力的波动幅度会随着时间尺度增大而坦化。由于中长期调度通常以月或旬为研究时段（本书研究时段为月），上述分段公式直接应用于中长期尺度的风电出力计算会存在较大的偏差。短期精细化的观测数据通常较少，为了获得长系列的月或旬尺度风电出力过程，本书基于收集的短期风速数据，利用式（2.5）计算短期风电出力，把短期风速和风电出力升至长期月或旬尺度，通过回归分析得到长期月或旬尺度风速与风电出力的函数关系 $g^w(\cdot)$，即风电转换。

$$g^w(\cdot)=av^3+bv^2+cv+d \tag{2.6}$$

式中：a、b、c、d 为待求参数；v 为风电场的月平均风速，m/s。

2. 光伏出力计算

太阳能的大规模利用主要通过转化成电能来实现，包括光伏发电和光热发电[124]。光伏发电为太阳能利用的主要形式，基本原理是光生伏打效应，利用光伏电池板组件将太阳能转化为电能。光伏电池板的出力受辐射强度、光伏组件性能和温度影响。光伏出力的计算公式[125]为

$$Ns_t=Ns_{stc}\frac{R_t}{R_{stc}}[1+\alpha(Tp_t-Tp_{stc})] \tag{2.7}$$

$$Tp_t=Tem_t+\frac{Tp_{noc}-Tp_{stc}}{R_{stc}}R_t \tag{2.8}$$

式中：Ns_t 为标准条件下单位装机光伏电池板的出力，MW；Ns_{stc} 为太阳能电池板的额定功率，MW；R_{stc} 为标准条件所对应的辐射强度，1000W/m^2；Tp_{stc} 为标准条件所对应的温度，℃，取25℃；R_t 为 t 时刻实际的辐射强度，W/m^2；α 为光伏电池板的功率温度系数；Tp_t 为光伏电池板 t 时刻的温度，℃，由于光伏电厂在规划阶段一般只会有测站的光照强度和气温数据资料，因此需要把 t 时刻的气温 Tem_t 换算为光伏电池板 t 时刻的温度；Tp_{noc} 为光伏电池板的额定工作温度，℃，一般取48℃。

同风力发电类似，基于收集的短期尺度的辐射强度、气温数据依据式（2.7）计算短期尺度的光伏出力，升尺度得到长期月或旬尺度下的辐射强度、气温与光伏出力，通过回归分析得到长期月或旬尺度的光伏计算公式 $g^s(\cdot)$，即光电转换。

$$g^s(\cdot)=aR^2+bRTem+cR+d \tag{2.9}$$

式中：a、b、c、d 为待求参数；R 为光伏电厂厂址处的辐射强度，W/m^2；Tem 为光伏电厂厂址处的气温，℃。

3. 水电出力计算

水电站发电是通过水轮机将水能转化成机械能，带动同轴的发电机旋转进一步转化成电能的过程。水电站出力是指发电机组出线端送出的功率[126]，与水轮机和发电机效率、发电流量以及发电水头有关，采用式（2.10）进行计算：

$$Nh_t = \frac{KQ_t H_t}{1000} \tag{2.10}$$

式中：Nh_t 为 t 时段的水电站出力，MW；K 为水电站的出力系数；Q_t 为 t 时段的水电站发电流量，m^3/s，即通过水电站水轮机的流量；H_t 为 t 时段的水电站发电的发电水头，m。

2.1.3 水风光出力互补性

水风光出力互补性通常指各类能源发电时出力波动性被平抑的水平[127]。对于互补性的研究主要分为两种方法：通过不同能源间的相关分析对其互补性进行评价，以及通过标准差、变异系数等指标衡量水风光联合出力的波动性来表征其互补性[128]。基于相关分析的互补性评价通常适应于两种能源的情况，常见于风光、光水、风水等互补分析[129]。面向两种以上类型的能源，通常通过联合出力与单独出力的波动性指标对比进行多能源互补性分析。刘永前等[130] 基于出力波动量建立了实时互补性评价指标，能够准确表征风光出力的互补特性。本书采用出力波动量来分析水风光出力的互补性，分别计算风电出力、光伏出力、水电出力与水风光联合出力的波动量，根据水风光联合出力波动量对比各单独出力波动量的下降比例反映互补性的大小，计算公式为

$$\begin{cases} dw(t) = |Nw(t+1) - Nw(t)| \\ ds(t) = |Ns(t+1) - Ns(t)| \\ dh(t) = |Nh(t+1) - Nh(t)| \\ dc(t) = |Nw(t+1) + Ns(t+1) + Nh(t+1) - Nw(t) - Ns(t) - Nh(t)| \\ Cr = 1 - \dfrac{1}{T}\sum_{t=1}^{T} \dfrac{dc(t)}{dw(t) + ds(t) + dh(t)} \end{cases} \tag{2.11}$$

式中：$Nw(t)$、$Ns(t)$ 和 $Nh(t)$ 分别为 t 时段的风电出力、光伏出力和水电出力，MW；$dw(t)$、$ds(t)$、$dh(t)$ 和 $dc(t)$ 分别为风电、光伏、水电单独运行与风光水联合运行在 $t+1$ 时段出力值对比 t 时段出力值的波动量，MW；Cr 为水风光联合出力波动量对比各单独出力波动量的下降比例，代表互补性，Cr 越大则互补性越强。

2.2　长期风光出力和径流预报模型

由于较长预见期的气象预报并不成熟，基于物理机制的长期风光出力和径流预报精度有限。因此，在实际应用中可根据风电出力、光伏出力及径流本身的特点，将其简化为时间序列的预测，通过充分挖掘其内在变化规律进行预报。传统的时间序列预测通常采用回归模型来实现，如滑动平均模型、差分自回归滑动平均模型、季节差分自回归滑动平均模型等方法。随着计算机技术水平的提高，基于智能算法的预报技术得到了广泛的应用，如支持向量机、决策树、随机森林、神经网络、长短期记忆网络等机器学习方法[131-134]。为提高预报精度，本节采用传统的季节差分自回归滑动平均模型、基于分类原理的随机森林模型及基于神经网络原理的长短期记忆网络模型分别对风光出力和径流进行中长期预报，并基于各个模型的优势建立了多模型组合的预报模型。

2.2.1　常见预报模型

1. 季节差分自回归-滑动平均模型

季节差分自回归-滑动平均（Seasonal Autoregressive Integrated Moving Average，SARIMA）模型是从ARIMA模型发展而来，而ARIMA模型从ARMA模型扩展而来[135]。相比较于原始的ARMA模型，SARIMA模型对序列稳定性没有限制，可以对原始序列同时进行季节差分和一般差分操作，从而达到让不平稳序列变为平稳序列，消除原始数据中的不确定因素和周期性因素的效果，是一种广泛采用的时间序列预测方法[136]。SARIMA模型形式一般为SARIMA(p, d, q) (P, D, Q)，公式定义为

$$\varphi(B)\Phi_P(B^s)(1-B)^d(1-B^s)^D x_t=\theta(B)\Theta_Q(B^s)w_t \tag{2.12}$$

式中：x_t 是非平稳时间序列中 t 时刻的观测值；w_t 为残差；$\varphi(B)$、$\theta(B)$ 分别为 p 阶回归系数多项式和 q 阶移动平均系数多项式；B 为延迟算子；d 为对时间序列进行平稳化差分操作时的阶数；B^s 为季节延迟算子；s 为季节周期；$\Phi_P(B^s)$、$\Theta_Q(B^s)$ 分别为 P 阶季节自回归系数多项式和 Q 阶季节移动平均系数多项式；D 为对时间序列进行季节差分操作的阶数。

通常情况下，建立SARIMA模型包含以下几个步骤：

(1) 时间序列预处理，对序列平稳性进行单位根（Augmented Dickey - Fuller，ADF）检验[137]，确定有序差分变换的阶数。

(2) 基于自相关函数（Autocorrelation Function，ACF）和偏自相关函数（Partial Autocorrelation Function，PACF）初步预估模型参数，确定季节周期以及季节差分操作阶数[138]。

(3) 基于赤池信息量准则（Akaike Information Criterion，AIC）优化模型

参数[139]，进行模型训练，检验模型有效性。

(4) 基于已知数据对未来的数据进行预测估计。

2. 随机森林模型

随机森林模型（Random Forest，RF）是由 Breiman 于 2001 年提出的一种机器学习方法[140]，可应用于分类问题、回归问题以及特征选择问题。随机森林的核心思想是将多个分类回归树（classification and regressiontree，CART）经过一定规则组合成森林，根据森林中所有的决策树得出分类或预测结果[141]。对于分类问题，通常采用投票最多的类别为最终分类结果；对于回归预测问题，一般取各决策树预测值的均值作为预测结果[140]。构建随机森林主要包含以下步骤：

(1) 决策树抽样产生训练集。随机森林基于 Bagging 方法从原始训练集中为每棵 CART 树抽取等规模的子训练集，每个子训练集的大小约为原始训练集的 2/3，每次抽样均为随机且放回抽样，每次未被抽样的数据组成袋外（out - of - bag，OOB）样本，OOB 样本用于估计随机森林的泛化误差。

(2) 构建 CART 决策树。CART 算法是一种二分递归分割技术，在每个节点（除叶节点外）将当前样本集分割为两个子集。CART 树在每个节点分裂时，随机抽取若干属性组成属性子空间，根据基尼指标最小准则从子集中选取最优变量进行节点分裂、分枝，每棵分类回归树由上至下不断分裂，直到达到叶节点最小尺寸，决策树生长完成。每一个训练子集分别建立一棵决策树，生成大量的决策树构成随机森林。

(3) 随机森林算法执行。将检验期数据输入随机森林模型，利用不同的决策树分别预测，取各决策树预测结果的平均值为回归值，即预测值。随机森林模型流程如图 2.1 所示。

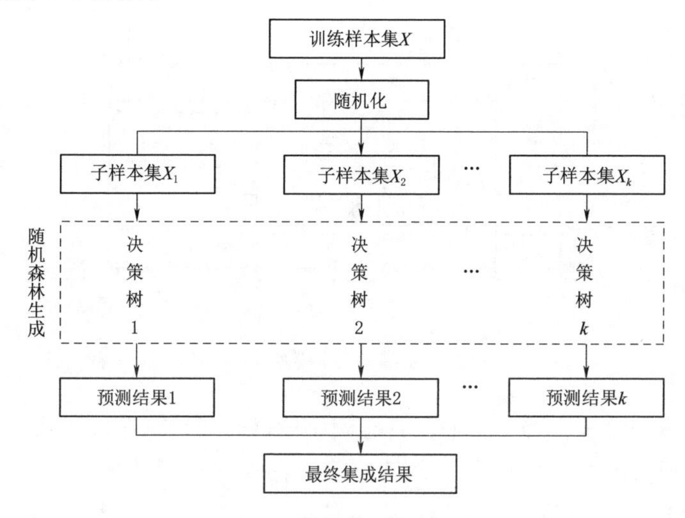

图 2.1 随机森林模型流程

随机森林模型采用 Bagging 的抽样方法能够有效提高模型分类精确度，提升抗噪性。样本的随机性以及节点分裂属性的选择随机性使得随机森林有效地避免陷入过度拟合和局部最优的局限[142]。然而，随机森林模型存在欠拟合的问题，在随机特征选择时会导致少数比较重要的特征变量被过滤掉，且未充分考虑特征变量相关性对预测准确性带来的影响[143]。

3. 长短期记忆神经网络模型

长短期记忆神经网络（Long Short - Term Memory，LSTM）是一种时间循环神经网络，作为一种特殊的递归神经网络（Recurrent Neural Network，RNN），与其他神经网络一样，由输入层一个或多个隐藏层，以及输出层组成，是具有重复单元的链式结构。其隐藏层中的神经元不仅能从输入层中接收信息，还可以接收神经元从上一个时刻所感知的信息，这种循环结构使得 RNN 能够学习到时间序列数据的内在特征。LSTM 的提出是由于 Bengio 等发现 RNN 模型中存在梯度消失问题，该问题导致 RNN 很难学习到较长周期的因果规律[144]。为解决这一缺陷，Hochreiter 等[145] 提出用“记忆单元”替换 RNN 中的细胞单元的方法，这一改变大大提升了神经网络的长时间记忆能力，因此被命名为长短期记忆神经网络。图 2.2 展示了 LSTM 记忆单元的典型结构。在 t 时刻，记忆单元的输入包括前一时刻的隐藏层状态变量 h_{t-1}、记忆单元状态变量记忆细胞 c_{t-1} 和当前时刻的输入信息 x_t；然后模型依次通过遗忘门 f_t、输入门 i_t、输出门 o_t 和这三个控制机制得到 t 时刻的隐藏层状态变量 h_t 和记忆单元状态变量 c_t；最终 h_t 会传入输出层生成 LSTM 在 t 时刻的计算结果 y_t，同时与 c_t 一起传入后一时刻进行计算。

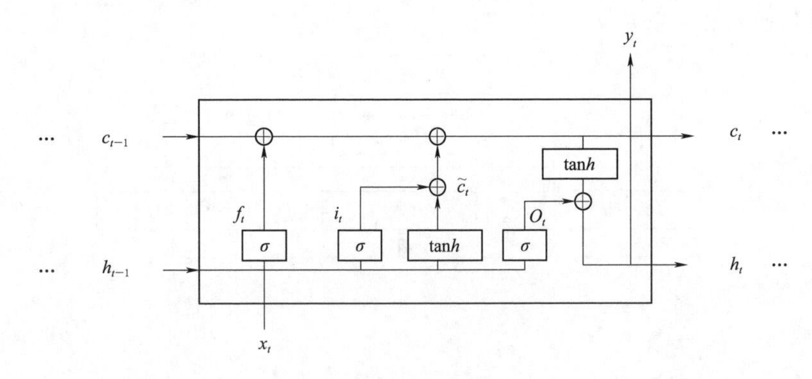

图 2.2　LSTM 模型结构

LSTM 内部主要分为三个阶段：忘记阶段、选择记忆阶段和输出阶段：

（1）忘记阶段。对来自上一个节点的信息进行选择性遗忘，即通过遗忘门 f_t 决定舍弃部分不重要的信息。

$$f_t=\sigma(W_f[h_{t-1},x_t]+b_f) \tag{2.13}$$

式中：W_f、b_f 为遗忘门的可调参数矩阵或向量，在神经网络训练中这些矩阵或向量将被优化；σ 为 Sigmoid 激活函数，计算公式为

$$\sigma(x)=\frac{1}{1+\mathrm{e}^{-x}} \tag{2.14}$$

式中：e 为自然对数。

（2）选择记忆阶段。对当前时段的输入有选择性地进行“记忆”。由输入门 i_t 控制公式（2.15），新获取的信息 $\tilde{c}$ 由式（2.16）计算得到；然后，更新记忆单元状态变量 c_t，计算公式（2.17）为

$$i_t=\sigma(W_i[h_{t-1},x_t]+b_i) \tag{2.15}$$

$$\tilde{c}=\tanh(W_c[h_{t-1},x_t]+b_c) \tag{2.16}$$

$$c_t=f_tc_{t-1}+i_t\tilde{c} \tag{2.17}$$

式中：W_i、b_i、W_c 和 b_c 为可调参数矩阵或向量，在神经网络训练阶段进行优化；tan$h$ 为双曲正切激活函数。

（3）输出阶段。输出门 o_t 决定在 t 时刻有多少信息用于生成隐藏层状态变量 h_t。

$$o_t=\sigma(W_o[h_{t-1},x_t]+b_o) \tag{2.18}$$

$$h_t=o_th_{t-1}\tanh(c_t) \tag{2.19}$$

式中：W_o、b_o 为输出门的可调参数矩阵或向量，在神经网络训练阶段进行优化。

基于 h_t，LSTM 在 t 时刻的最终输出 y_t 为

$$y_t=W_dh_t+b_d \tag{2.20}$$

式中：W_d、b_d 为输出层的可调参数矩阵或向量。

LSTM 记忆单元中记忆细胞状态 c 只进行了少量的向量内积和向量相加计算，能够使得信息在数据链上稳定的传递[146]，解决了 RNN 不易处理长时间序列的问题。其独特的门结构使得误差的传播可以直接通过门，不会造成梯度消失，收敛性较好，可以很好地应用在长时间序列预测问题中[147]。

2.2.2 滚动预报方式

在风光出力及径流的预报过程中，每一时段都可根据前期状态对未来一定预见期的数据进行预报。通过不断加入预测信息作为输入，继续对下一时段进行预报，并随时间推移更新预报数据。以预见期为三个时段、预报因子为前一时段实际值为例进行滚动预报过程说明，如图 2.3 所示。

R_t 表示待预报变量在 t 时段的实际值；P_t^f 表示预报值，下标 t 表示进行预报的时刻（t 时段初），上标 f 表示预报数据对应的时段。具体来说，当前时刻位于时段 1 初始时刻时，将进行时段 1 到时段 3 的预报，基于历史的实际值，对

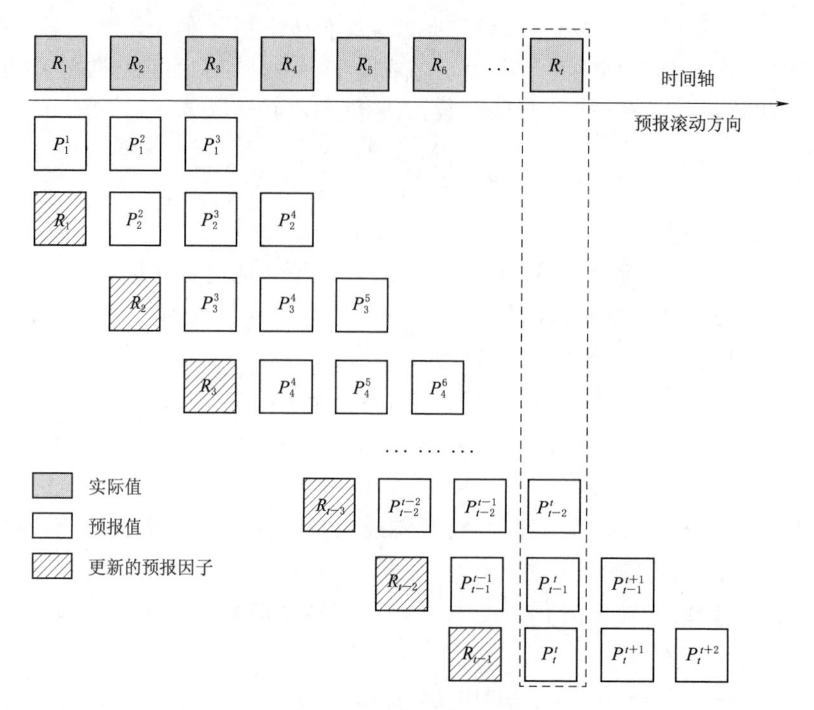

图 2.3　逐时段滚动预报

时段 1 进行预报，然后以时段 1 的预报数据作为预报因子输入预报模型，得到时段 2 的预报值，同理可得时段 3 的预报值；随时间推进，在时段 2 初时刻，将时段 1 的实际值更新预报模型输入，进行时段 2 到时段 4 的预报，如此滚动向前预报。因此，对于 R_t，其对应着 3 个预报值 P_t^t，P_{t-1}^t，P_{t-2}^t 分别来自于时段 t 初、时段 $t-1$ 初和时段 $t-2$ 初。

2.2.3　模型预报性能评价指标

为了评价预报模型性能，本书选取平均绝对值误差、平均相对误差和确定系数对不同预报模型的性能进行分析。

(1) 平均绝对值误差（MAE）。取值为 0～+∞。MAE 值越接近 0，预报模型性能越好。

$$\mathrm{MAE}=\frac{1}{n}\sum_{t=1}^{n}\mid D_t^o-D_t^f\mid \tag{2.21}$$

(2) 平均相对误差（MARE）。取值为 0～+∞。MARE 值越接近 0，预报模型性能越好。MARE 与预报变量量级有关，易受较小值影响。当实际值量级较小时，较小的预报误差，也可能造成大的平均相对误差。

$$\mathrm{MARE}=\frac{1}{n}\sum_{t=1}^{n}\left|\frac{D_t^o-D_t^f}{D_t^o}\right| \tag{2.22}$$

(3) 确定系数 (R^2)。取值为 $-\infty \sim 1$。$R^2=1$，表示实际值和预报值相等，预报效果好，模型可信度高；$R^2 \to 0$，表示预报结果接近于实际值序列的平均值水平，过程预报误差大；$R^2<0$，则预报模型是不可信的。

$$R^2 = 1 - \frac{\sum_{t=1}^{n}(D_t^o - D_t^f)^2}{\sum_{t=1}^{n}(D_t^o - \overline{D}^o)^2} \tag{2.23}$$

式中：n 为预报时段数；D_t^o 为第 t 个时段的实际值；D_t^f 为第 t 个时段的预报值；$\overline{D}^o$ 为实际值的平均值。

2.2.4 组合预报模型

为结合不同预报模型对不同资源类型的预报优势，基于 LSTM、SARIMA 和 RF，提出组合预报模型。其中 LSTM、SARIMA 和 RF 为组合预报模型的子预报模型。具体组合预报模型的思想是：以平均相对误差（MARE）表征预报精度，选取子模型中总体预报精度最高的模型作为基准子模型，对于任一时段的预报，若其他子模型预报精度高于基准子模型，则该时段预报模型修正为预报精度较高的子模型。为保证组合预报模型具有一定的泛化能力，要求其他子模型的预报精度比基准子模型的提高程度 δ 超过一定阈值 ε，再进行预报模型的修正。

以 LSTM 作为基准子模型为例进行说明，若某一时段 RF 或 SARIMA 预报精度高于 LSTM，且预报精度的提高程度 $\delta>\varepsilon$，则该时段预报模型修正为预报精度较高的模型（RF 或 SARIMA）。具体计算公式为

$$\mathrm{MARE}_t^{\min} = \min(\mathrm{MARE}_t^{\mathrm{SARIMA}}, \mathrm{MARE}_t^{\mathrm{RF}}, \mathrm{MARE}_t^{\mathrm{LSTM}}) \tag{2.24}$$

$$\delta = \frac{\mathrm{MARE}_t^{\mathrm{LSTM}} - \mathrm{MARE}_t^{\min}}{\mathrm{MARE}_t^{\mathrm{LSTM}}} \tag{2.25}$$

式中：$\mathrm{MARE}_t^{\mathrm{SARIMA}}$、$\mathrm{MARE}_t^{\mathrm{RF}}$ 和 $\mathrm{MARE}_t^{\mathrm{LSTM}}$ 分别为 t 时段预报模型为 SARIMA、RF 和 LSTM 的平均相对误差；$\mathrm{MARE}_t^{\min}$ 为 t 时段三个子预报模型的平均相对误差最小值。组合预报模型能够根据待预报变量所处时间和预见期长度确定合适的子预报模型。

采用组合预报模型进行预报的步骤：首先，根据进行预报时所在时段 t 及预报的预见期 h 确定子预报模型；然后，基于子模型进行预报，得到预报数据 P_t^{t+h}，将预报数据输入所有子模型中，进行下一个预见期的预报，直到完成在 t 时段 H 个预见期的预报，该时段预报结束。随着时间推移，当进入 $t+1$ 时段，t 时段的实际数据输入至所有子模型并进行模型状态更新，继续进行 H 个预见期的预报，直至完成既定的 T 个预报时段，预报流程如图 2.4 所示。

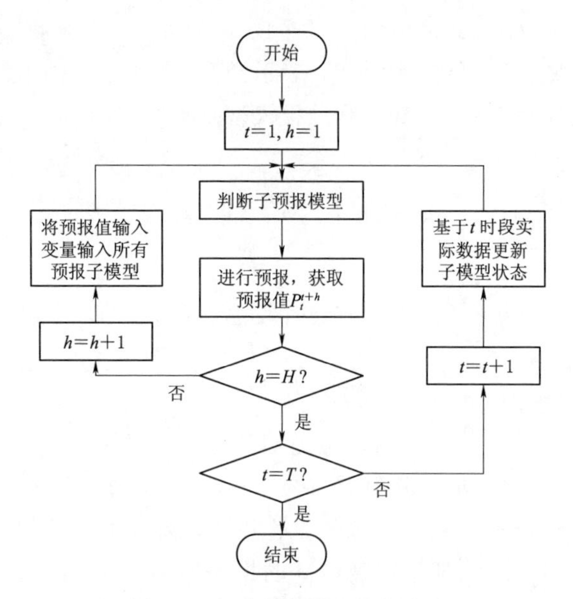

图 2.4　组合预报模型预报流程

2.3　实例分析

本章以雅砻江下游水风光多能互补系统（由锦一水电站、官地水电站和二滩水电站及接入该水电站的风电站和光伏电站组成）为研究对象，根据多能互补系统内部的水力联系以及风电站、光伏电站与水电站的接入关系将水风光多能互补系统划分为多个子系统，分析输入各子系统的水风光资源分布规律，求解中长期尺度的风速到风电出力的函数关系（风电转换）和辐射强度、气温到光伏出力的函数关系（光电转换），分析各子系统的水风光出力之间的互补性，建立组合预报模型对各子系统的风电出力、光伏出力及径流进行月尺度的中长期预报。

本章使用的数据如下：

（1）1968—2018年月尺度锦一水库入库径流、锦一水库到官地水库的区间径流（简称锦-官区间径流）和官地水库到二滩水库的区间径流（简称官-二区间径流）。

（2）1968—2018年风速、辐射和气温的流域内气象站点的月尺度数据。

（3）德昌风电站2017年的15min尺度的风速数据；冕宁光伏电站2017年4月1日至2018年12月1日的5min尺度辐射强度和气温数据。

（4）2013—2018年锦一水电站、官地水电站、二滩水电站的监测的月尺度出力数据。

2.3.1 水风光多能互补系统空间分级

影响风光出力的主要气象因素包括风速和太阳辐射强度等，在长期尺度上它们的空间分布差异相对较小，因此可将水风光多能互补系统中的风电站、光伏电站根据其电力联系进行片区划分，形成“全系统—子系统—电站”的分区分级模式，如图 2.5 所示。

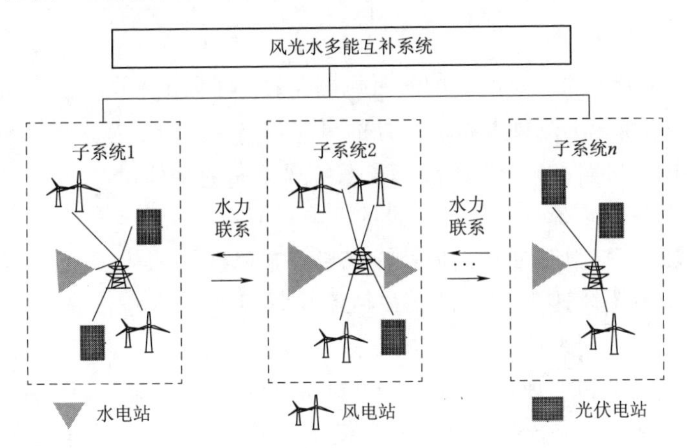

图 2.5 水风光多能互补系统分级

根据雅砻江下游水电站和风光电站的电力联系，可将其划分为锦一子系统、官地子系统和二滩子系统，各子系统通过水力联系形成整个水风光多能互补系统。具体地，锦一子系统包括锦一水电站以及出力接入到锦一水电站打捆送出的风电站和光伏电站；官地子系统包括官地水电站以及出力接入到官地水电站打捆送出的风电站和光伏电站；二滩子系统包括二滩水电站以及出力接入到二滩水电站打捆送出的风电站和光伏电站。本章针对各子系统，分析风光长期尺度的资源和出力特性，建立风光出力长期预测模型。

2.3.2 水风光资源特性及出力互补性

2.3.2.1 数据预处理

风速、辐射和气温等资料来源于气象测站或辐射测站的观测数据，本书根据风光电站所在的地理位置，运用反距离权重插值法[148] 求得风光电站所在区域的风速、辐射强度和气温，见式（2.26）。

$$Z=\sum_{i=1}^{n}\frac{1}{(d_i)^p}Z_i\Bigg/\sum_{i=1}^{n}\frac{1}{(d_i)^p} \tag{2.26}$$

式中：Z 为插值点估计值；Z_i 为第 i 个气象站点的观测值；d_i 为插值点与第 i 个气象站点之间的欧氏距离，km；n 为用于估算插值点的气象站点个数；p 为幂指数，通常设置为 2。

根据接入的风电站和光伏电站的装机大小，将其对应的风速、辐射强度和气温进行加权平均，分别得到接入各子系统风光电站对应的平均风速、平均辐射强度和平均气温。即锦一风速、官地风速、二滩风速，锦一辐射强度、官地辐射强度、二滩辐射强度，锦一气温、官地气温、二滩气温。以锦一风速为例，其求解过程见式（2.27）。

$$JPv_t = \sum_{i=1}^{n}\left(v_{i,t}\frac{Iw_i}{\sum_{i=1}^{n}Iw_i}\right) \tag{2.27}$$

式中：JPv_t 为接入锦一子系统的所有风电站在 t 时段的平均风速，m/s；$v_{i,t}$ 为 t 时段锦一子系统第 i 个风电站厂址处的风速，m/s；Iw_i 为锦一子系统中第 i 个风电站的装机，MW；n 为接入锦一子系统风电站的个数。

同理可得各子系统每个研究时段的平均辐射强度和平均气温。

2.3.2.2　风速、辐射强度及入库径流概率分布模型

分析各子系统风速、辐射强度和径流在月尺度下的分布规律，建立概率分布模型。其中径流则采用P-Ⅲ型概率密度函数进行描述。风速和辐射强度的分布规律与流域特点和地理位置有关，针对子系统的具体情况，采用基于Python语言的SciPy模块寻求合适的概率分布模型。SciPy为标准科学计算程序库，其统计学子模块SciPy.stats目前包含99个连续分布模型，通过调用该分布模型数据库，基于和方差（The sum of squares due to error，SSE）最小原则确定研究变量合适的分布模型。研究显示，各子系统风速的最佳拟合分布模型均为指数威布尔分布，辐射强度均为逆高斯分布。

1. 风速分布

采用1968—2018年各子系统的月尺度风速数据，建立锦一风速、官地风速和二滩风速指数威布尔分布模型。式（2.28）和式（2.29）为指数威布尔分布模型表达式，表2.1为模型描述锦一子系统、官地子系统和二滩子系统的风速概率分布的参数，拟合结果如图2.6所示。

$$f(x,a,c) = ac(1-\mathrm{e}^{-x^c})^{(a-1)}\mathrm{e}^{x^{c-1}} \tag{2.28}$$

$$f(v,a,c,\mathrm{loc},\mathrm{scale}) = \frac{1}{\mathrm{scale}}f(x,a,c);\ x = \frac{v-\mathrm{loc}}{\mathrm{scale}} \tag{2.29}$$

式中：a、c 为其形状参数，当 $a=1$ 时，指数威布尔分布为威布尔分布；v 为子系统的风速，m/s；loc和scale分别是位置参数和缩放参数，对标准的指数威布尔分布进行偏移和缩放。

由图2.6，风速的分布呈现明显的偏态特性，其中锦一风速、官地风速、二滩风速的平均值分别为6.28m/s、6.50m/s和5.14m/s，呈现北高南低的特征。

表 2.1 各子系统风速概率分布参数

参数		a	c	loc	scale
子系统	锦一	7.74	1.08	1.77	7.19
	官地	2.91	0.95	8.06	6.50
	二滩	2.14	1.46	6.00	7.84

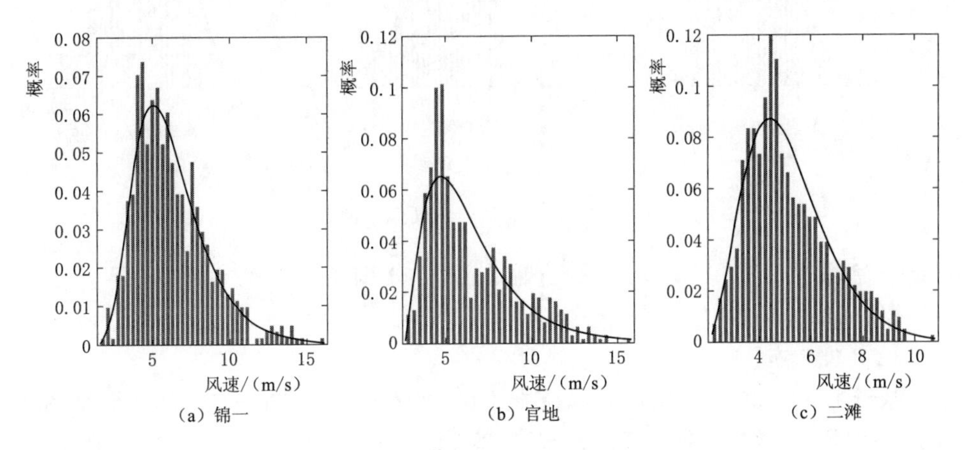

图 2.6 子系统风速概率曲线

2. 辐射强度分布

影响电站光伏出力大小的主要因素为辐射强度和气温，由于月尺度下气温的变化情况较为平稳，因此本节主要探究辐射强度的分布情况。与风速类似，基于 1968—2018 年锦一、官地和二滩辐射强度数据，建立各个子系统的逆高斯分布模型表述辐射强度，见式（2.30）。表 2.2 分别为锦一子系统、官地子系统和二滩子系统的辐射强度分布的参数，拟合结果如图 2.7 所示。

$$f(x,\mu,\lambda)=\sqrt{\frac{\lambda}{2\pi x^3}}\,e^{-\frac{\lambda(x-\mu)^2}{2\mu^2 x}} \tag{2.30}$$

式中：μ、λ 为参数，其中随机变量的期望为 μ，其中随机变量的方差为 μ^3/λ。

表 2.2 各子系统辐射强度概率分布参数

参数	子系统		
	锦一	官地	二滩
μ	176	173	175
λ	5572	5276	5073

辐射强度概率分布在雅砻江下游地区随地理位置变化情况较小，各个子系统的辐射强度概率分布规律较为一致，基本上按照均值对称分布。锦一子系统、

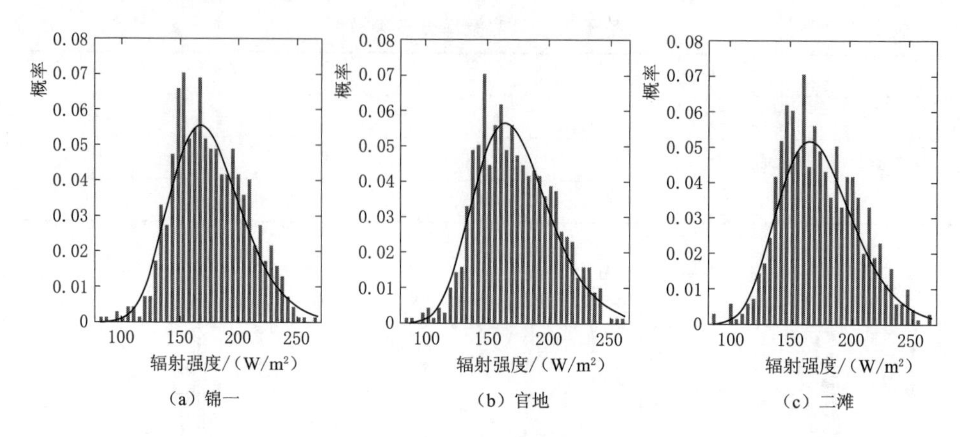

图 2.7　子系统辐射强度概率曲线

官地子系统和二滩子系统的平均辐射强度分别为 176W/m^2、173W/m^2 和 175W/m^2。

3. 径流分布

基于 1968—2018 年锦一入库径流、锦-官区间径流和官-二区间径流绘制径流 P-Ⅲ型频率曲线如图 2.8 所示。表 2.3 为锦一入库径流、锦-官区间径流和官-二区间径流 P-Ⅲ型分布参数。

表 2.3　　径流 P-Ⅲ型分布参数

参　数	锦一	锦-官区间	官-二区间
C_v	0.81	0.81	1.11
C_s	1.89	1.65	2.36

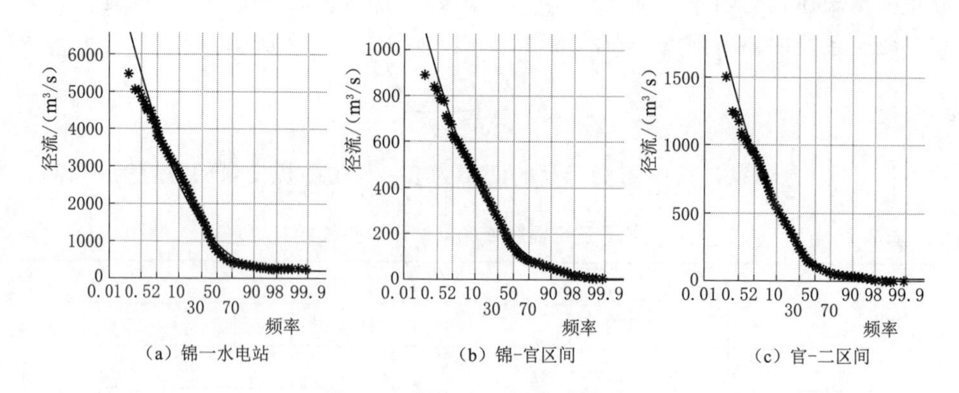

图 2.8　径流 P-Ⅲ型频率曲线

锦一水电站多年平均入库流量为 1223m^3/s，锦-官区间和官-二区间径流量较小，其多年平均流量分别为 206m^3/s 和 213m^3/s。相比较锦-官区间，官-二区间径流的变异系数和偏态系数较大，更易发生径流极端情况。

2.3.2.3 月尺度风光出力计算

1. 风电出力计算

为了获得长系列的月尺度风电出力过程，基于有限的短期风速数据和风电出力，建立月尺度风速和风电出力之间的函数关系。采用德昌风电站 2017 年的 15min 尺度的风速数据基于式（2.5）计算得到 15min 尺度风电出力，并升尺度得到月尺度风速和月尺度出力，通过回归得到月尺度的风电转换关系为

$$Nw = g^{w}(v) = 0.004v^2 + 0.041v - 0.102 \tag{2.31}$$

式中：Nw 为风电场装机对应的出力，MW；v 为子系统中风电站的月平均风速，m/s。

各子系统月尺度风电出力即为 $g^{w}(v)$ 与接入风电装机容量的乘积。

2. 光伏出力计算

为了获得长系列的月尺度光伏出力过程，利用冕宁光伏电站 2017 年 4 月 1 日至 2018 年 12 月 1 日的 5min 尺度辐射强度和气温数据，基于式（2.7），计算得到 5min 尺度的光伏出力，进一步升尺度得到月平均辐射强度、气温和光伏出力，回归得到月尺度的光电转换关系为

$$Ns = g^{s}(R, Tem) = -6.8\times10^{-7}R^2 + 3.1\times10^{-6}R\times Tem + 1.0\times10^{-3}R + 9.1\times10^{-3} \tag{2.32}$$

式中：Ns 为光伏电站装机对应的出力，MW；R 为辐射强度，M/m^2；Tem 为气温，℃；R^2 为确定系数，取值为 0.80。

各子系统月尺度光伏出力即为 $g^{s}(R, Tem)$ 与接入子系统光伏电站装机总容量的乘积。

3. 各子系统风电出力和光伏出力计算结果

基于月尺度的风电转换和光电转换关系见式（2.31）、式（2.32），利用 1968 年 6 月至 2018 年 5 月的风速、辐射强度和气温月尺度数据，可得到各子系统 1968 年 6 月至 2018 年 5 月的风电出力、光伏出力变化情况，如图 2.9 所示。

2.3.2.4 水风光出力互补性分析

采用 2013 年 6 月至 2018 年 5 月各水电站实际出力数据以及同时期的风电出力和光伏出力数据，进行各子系统的水风光出力互补性分析。锦一子系统、官地子系统和二滩子系统月尺度风电出力、光伏出力和水电站出力变化情况如图 2.10 所示（以 2017 年 6 月至 2018 年 5 月一个水文年为例）。流域风电出力的月际变化较显著，呈冬春季大、夏秋季小的特点，一般 11 月至次年 4 月风电出力较大，5—10 月的出力较小。光伏出力月际变化并不明显，秋冬季节光伏出力略高。水电出力则在 6—10 月较大，与风光出力呈现互补的特征。

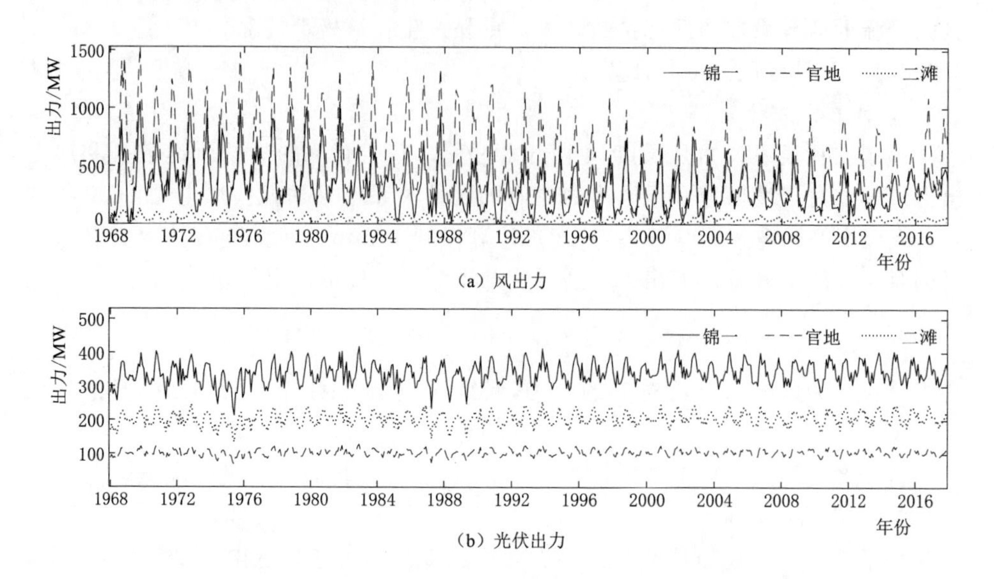

(a) 风出力

(b) 光伏出力

图 2.9 1968—2018 年各子系统风电出力、光伏出力变化情况

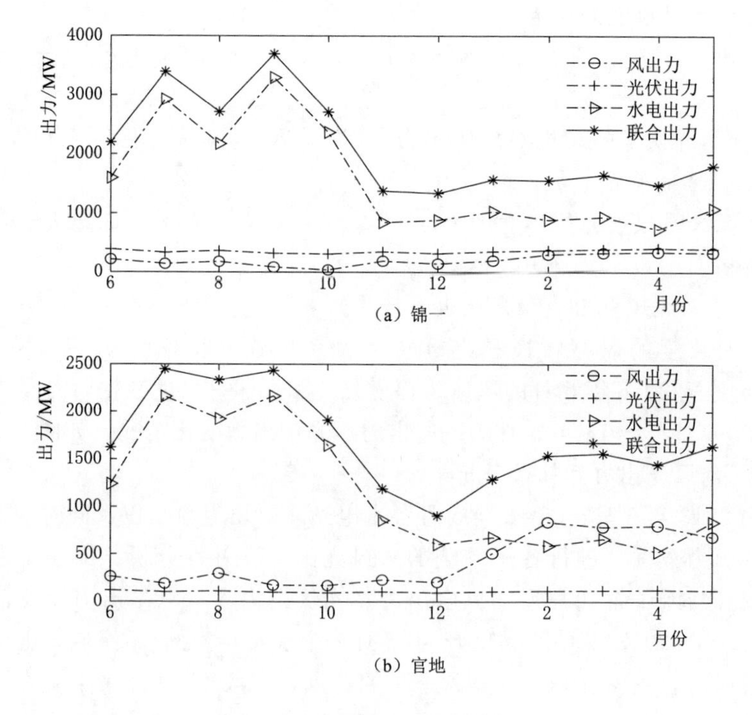

(a) 锦一

(b) 官地

图 2.10（一） 2017 年 6 月至 2018 年 5 月各子系统风电出力、光伏出力和水电出力变化情况

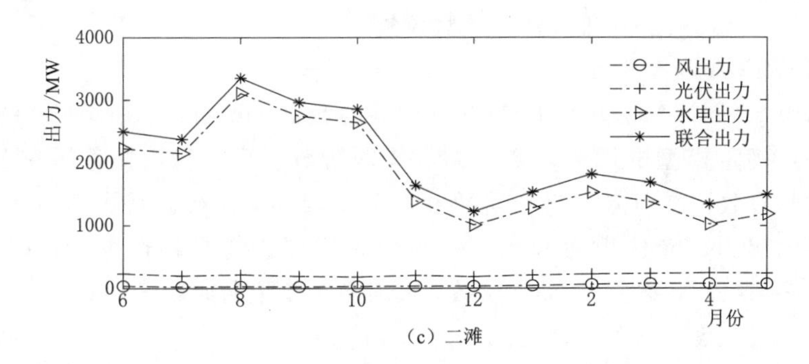

(c) 二滩

图 2.10（二） 2017 年 6 月至 2018 年 5 月各子系统风电出力、光伏出力和水电出力变化情况

对各子系统的水风光出力进行互补性分析，基于式（2.11），计算各子系统的不同类型能源单独出力波动量、水风光联合出力的波动量以及联合出力波动量相对于单独出力的下降比例，见表 2.4。

表 2.4　　　　各子系统的出力波动量及互补情况

子系统	风电出力 dw/MW	光伏出力 ds/MW	水电出力 dh/MW	累计值 $(dw+ds+dh)$/MW	水风光联合出力 dc/MW	下降比例 Cr /%
锦一	59.7	24.2	576.6	660.5	576.9	17
官地	117.1	7.5	370.4	495.0	372.5	28
二滩	8.0	14.6	492.8	515.4	495.2	7

三个子系统的联合出力波动量均比各类型能源单独出力波动量累计值小，即各子系统的水风光出力在时间上存在互补性。其中，官地子系统联合出力波动量比不同能源单独出力波动量的下降比例为 28%，相比较锦一子系统和二滩子系统，其水风光出力互补特征最为显著，由于官地子系统接入的风电站装机规模最大，相应地接入的风电出力也最大，风电出力和水电出力的季节性丰枯变化趋势相反，因此其水风光互补特性最明显。

2.3.3 风光出力及径流预报

基于各子系统的风电出力、光伏出力及径流本身内在变化规律，分别采用 SARIMA、RF 和 LSTM 模型进行预见期为 12 个时段（即 12 个月）的预报研究，其中径流预报为锦一入库径流、锦-官区间径流以及官-二区间径流。选取 1968—2013 年作为训练期，2013—2018 年作为检验期，本节分析不同预报模型预报精度随预见期的变化情况，并基于各个模型对不同资源在不同条件下的预报优势，提出适应于风光出力及径流长期预报的组合预报模型。

2.3.3.1　SARIMA、RF和LSTM模型设置

1. SARIMA模型设置

本章中SARIMA模型基于Python软件的Statsmodels模块构建，并基于数据序列特点确定模型的回归阶数、差分操作阶数、平均移动阶数、季节周期、季节自回归阶数、季节差分操作阶数和季节平均移动阶数。首先对各子系统训练期的风电出力、光伏出力和入库径流原始序列进行平稳性分析，确定参数SARIMA模型的平稳化差分操作阶数 d，对各个变量的原始序列进行ADF平稳性检验的结果见表2.5。

表2.5　原始序列ADF平稳性检验

序列名称		ADF统计量	ADF临界值			显著性 P 值
			1%水平	5%水平	10%水平	
风电出力	锦一	−2.311	−3.441	−2.866	−2.569	0.168
	官地	−2.374	−3.441	−2.866	−2.569	0.149
	二滩	−2.465	−3.441	−2.866	−2.569	0.124
光伏出力	锦一	−4.699	−3.440	−2.866	−2.569	0.000
	官地	−4.127	−3.440	−2.866	−2.569	0.001
	二滩	−4.087	−3.440	−2.866	−2.569	0.001
径流	锦一	−5.922	−3.439	−2.865	−2.569	2.50×10^{-7}
	锦-官	−4.954	−3.439	−2.865	−2.569	2.73×10^{-5}
	官-二	−4.831	−3.439	−2.865	−2.569	4.73×10^{-5}

ADF检验通过判断序列是否存在单位根来辨别序列是否平稳，如果序列存在单位根，则序列不平稳。ADF检验的 H_0 假设为存在单位根，若得到序列的显著性检验统计量小于10%、5%和1%的置信度，则对应有90%、95%和99%的把握拒绝原假设。由检验结果可知，对于锦一风电出力、官地风电出力和二滩风电出力，其ADF检验统计量均大于10%的置信度对应临界值，为非平稳序列。对于各个子系统的光伏出力和径流序列，其ADF统计量均小于1%置信度对应临界值，且 P 值均小于0.01，为平稳序列。进一步对锦一风电出力、官地风电出力和二滩风电出力进行一阶差分，并对差分之后的序列进行平稳性检验，结果显示锦一风电出力、官地风电出力和二滩风电出力的一阶差分序列均为平稳序列，具体见表2.6。

采用自相关函数（ACF）和偏自相关函数（PACF）进一步分析时间序列的特性，以锦一风电出力序列为例，绘制ACF图以及PACF图。如图2.11显示，锦一风电出力的ACF和PACF呈现阶数为12的周期性震荡，证明原始序列具有一定的周期性。为了消除其周期性趋势，经实验计算，需要对锦一风电出力序列

进行周期为 12 的一阶季节差分，季节差分后序列的 ACF 和 PACF 如图 2.12 所示。

表 2.6　　一阶差分风电出力序列 ADF 平稳性检验

序列名称	ADF 统计量	ADF 临界值			显著性 P 值
		1%水平	5%水平	10%水平	
锦一	−13.542	−3.441	−2.866	−2.569	2.5×10^{-25}
官地	−10.680	−0.034	−2.866	−2.569	4.0×10^{-19}
二滩	−9.762	−3.441	−2.866	−2.569	7.5×10^{-17}

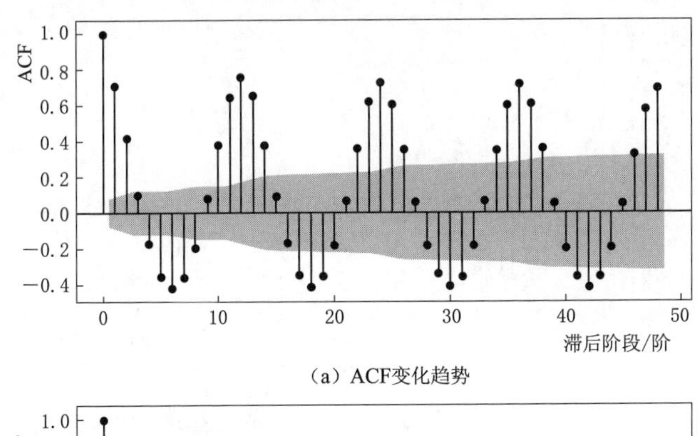

(a) ACF变化趋势

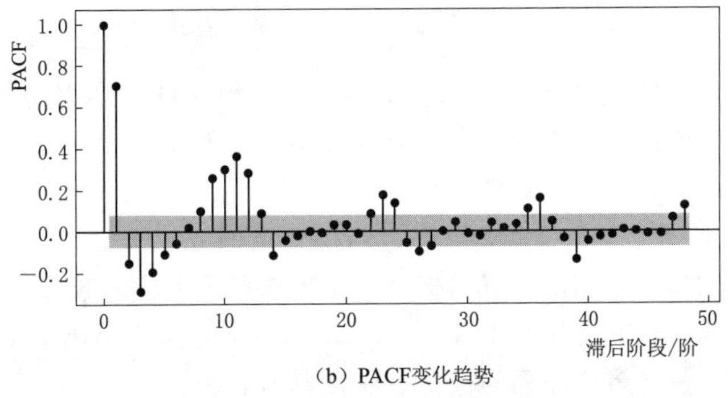

(b) PACF变化趋势

图 2.11　锦一风电出力原始时间序列

由图 2.12 可知，序列的 ACF 和 PACF 不再具有周期特性，且锦一风电出力一阶季节性差分序列通过 ADF 平稳性检验（P 值为 0.00004），锦一风电出力序列的周期性趋势已经基本消除。另外，分别对各子系统的风电出力、光伏出力和径流序列进行 ACF 和 PACF 分析，结果显示，与锦一风电出力类似，各子系统的风电出力、光伏出力和径流均以 12 个阶段为周期进行震荡，并在一阶季节差分后，基本消除数据的周期性。

综上，基于对数据的平稳性分析，各子系统的风电出力一阶差分序列、光伏出力原始序列和径流原始序列为平稳序列，初步判定风电出力序列 SARIMA

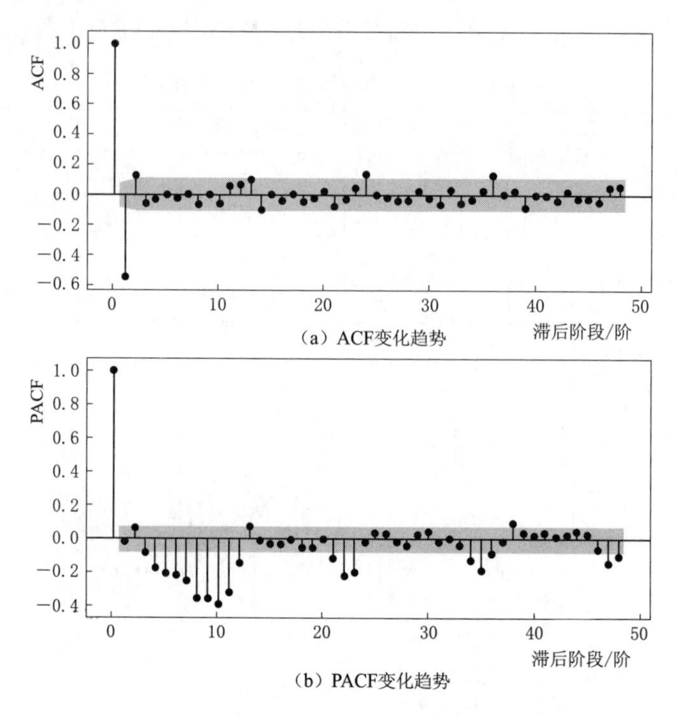

（a）ACF变化趋势

（b）PACF变化趋势

图 2.12 锦一风电出力一阶季节性差分序列

模型的平稳化差分阶数 $d=1$，光伏出力和径流序列 SARIMA 模型的参数 $d=0$。另外，根据各子系统的风电出力、光伏出力和径流序列的 ACF 和 PACF 分析，初步判断 SARIMA 模型的季节周期 $s=12$，季节差分阶数 $D=1$。对于 SARIMA 模型参数 p、q、P、Q，本节通过网格搜索的方法确定。网格搜索是指将参数所在区间网格化，遍历所有网格点，比较选择出最优参数[149]。其中 p、q、P、Q 的参数搜索范围设置为 [0, 1, 2, 3, 4, 5]，基于 AIC 值最小原则确定模型最终参数。具体各个序列的模型参数见表 2.7。

表 2.7　SARIMA 模型参数设置

模型参数	风电出力			光伏出力			径流		
	锦一	官地	二滩	锦一	官地	二滩	锦一	锦-官	官-二
回归阶数 p	1	1	1	1	1	1	1	1	1
差分操作阶数 d	1	1	1	0	0	0	0	0	0
平均移动阶数 q	1	1	1	1	1	1	0	0	0
季节自回归阶数 P	0	1	1	1	1	1	2	1	1
季节差分操作阶数 D	1	1	1	1	1	1	1	1	1
季节平均移动阶数 Q	1	1	1	1	1	1	1	1	1

2. RF 模型设置

RF 模型采用基于 Python 语言的 Scikit - learn 模块构建[150]，主要包括预报因子识别和模型参数设置两部分。由于中长期尺度上风电出力、光伏出力和径流存在明显的季节特征，且时段间具有转移规律，本书针对待预报变量，采用延时相关分析识别预报因子。将各子系统风电出力、光伏出力和径流分别进行 1～12 个月尺度的延时相关分析，结果见表 2.8。

表 2.8　　风电出力、光伏出力和径流延时自相关系数

延时时段数	自相关系数								
	风电出力			光伏出力			径流		
	锦一	官地	二滩	锦一	官地	二滩	锦一	锦-官	官-二
1	0.71	0.76	0.76	0.60	0.60	0.59	0.73	0.73	0.69
2	0.42	0.43	0.43	0.36	0.34	0.33	0.36	0.38	0.29
3	0.10	0.06	0.08	0.11	0.08	0.07	−0.04	0.00	−0.04
4	−0.18	−0.25	−0.21	−0.14	−0.17	−0.18	−0.39	−0.33	−0.28
5	−0.36	−0.44	−0.37	−0.29	−0.32	−0.33	−0.57	−0.52	−0.38
6	−0.42	−0.50	−0.43	−0.32	−0.37	−0.37	−0.63	−0.58	−0.40
7	−0.37	−0.44	−0.39	−0.30	−0.33	−0.33	−0.58	−0.53	−0.38
8	−0.20	−0.26	−0.23	−0.15	−0.18	−0.18	−0.39	−0.34	−0.30
9	0.08	0.03	0.05	0.06	0.04	0.04	−0.07	−0.03	−0.08
10	0.38	0.40	0.40	0.28	0.28	0.28	0.33	0.35	0.26
11	0.65	0.72	0.71	0.51	0.53	0.53	0.64	0.65	0.57
12	0.77	0.84	0.82	0.62	0.65	0.65	0.80	0.80	0.73

由于风光出力和径流存在明显的周期性，相关系数随着延时时段（小于一个周期）的增加呈现先减小后增加的趋势。根据延时相关分析，前 1 时段、前 11 时段和前 12 时段与当前时段的相关系数较高（>0.5），前 2 时段的相关系数明显下降，因此预报因子设置为前 1 时段、11 时段和 12 时段的历史值（$t-1$，$t-11$，$t-12$）。

随机森林模型对超参数并不十分敏感，其重要参数包括最大特征数、决策树个数和决策树最大深度。对于回归问题，最大特征数通常取值为所有特征数；决策树个数越大学习效果越好，但是个数太大训练时间等成本增加而效果不明显，取值太小容易发生欠拟合；决策树最大深度越大，模型越复杂，容易过拟合，反之决策树最大深度过小，则决策树的灵活性过小，无法捕获数据中的规律和联系，对于特征较少的情况，则不限制最大深度。本章基于网格搜索的方式确定模型中的决策树个数，决策树个数搜索区间为［50，120］，间隔10进行取值，基于均方根误差最小原则确定模型最终参数。各子系统的风电出力、光伏出力和径流RF模型的参数见表2.9。

表2.9　RF 模 型 参 数

参数	风电出力			光伏出力			径　流		
	锦一	官地	二滩	锦一	官地	二滩	锦一	锦-官	官-二
决策树个数	80	80	100	100	100	100	60	120	80

3. LSTM模型设置

LSTM模型基于自适应矩估计（Adaptive Moment Estimation，ADAM）算法[151] 构建，考虑到单变量时间序列的数据特征以及神经网络从简的设计原则，本书将隐含层层数确定为1层，并采用网格搜索方法确定LSTM模型的隐含层神经元个数、学习率和迭代次数，其他模型参数则采取默认值。其中，隐含层神经元个数影响网络的结构，神经元越多，模型参数越多，训练过程越复杂；学习率决定了模型训练时的收敛速度，学习率较大时，收敛速度较快但可能造成模型在局部最优解的附近摆动，学习率较少时，训练结果精度较高但是由于计算量变大，收敛速度较慢；迭代次数的多少则决定了模型是否会发生过拟合或者欠拟合现象[152]。具体地，隐含层神经元个数搜索范围为［50，200］，间隔25进行取值；学习率搜索范围为［0.001，0.015］，间隔0.001进行取值；迭代次数搜索范围为［150，550］，间隔100进行取值，并基于均方根误差最小原则确定各子系统风电出力、光伏出力和径流预报模型的最终参数。具体模型参数见表2.10。

表2.10　LSTM 模 型 参 数

参数	风电出力			光伏出力			径　流		
	锦一	官地	二滩	锦一	官地	二滩	锦一	锦-官	官-二
神经元个数	125	125	125	125	125	125	100	100	100
学习率	0.007	0.01	0.01	0.005	0.004	0.005	0.004	0.002	0.01
迭代次数	250	250	250	250	250	250	250	250	250

在本书中，设置LSTM预报模型每个时间节点的输入为当前时段前一个时段变量实际值，模型输出为当前时段的预报值。由于LSTM模型记忆单元中的记忆细胞能够接收上一个时间节点的状态输入，且在传输过程中改变较缓慢，具有长期记忆功能，因此尽管当前时间节点的输入为前一时段的实际值，实际上该时段的预报值受前期较长时段的数据值的影响。LSTM模型训练期和检验期的数据输入均需要进行标准化，本书采用Z－score标准化方法，见式

(2.33)，其中所用的均值和方差均来自训练期的数据，并对预报模型输出结果进行反标准化得到预报值。

$$x'=\frac{x-\mu}{\sigma} \tag{2.33}$$

式中：x'为标准化之后的数据；x 为标准化之前的数据；μ 和 σ 分别为数据的均值和方差。

2.3.3.2 SARIMA、RF 和 LSTM 模型预报结果

图 2.13 为 SARIMA、RF 和 LSTM 模型训练期（1968—2013 年）预报值与实际值散点图，图中黑色直线为 $y=x$ 线，数据点越靠近 $y=x$ 线则预报结果越可靠。总体上 LSTM 模型预报值分布更加集中于 $y=x$ 线，SARIMA 和 RF 模

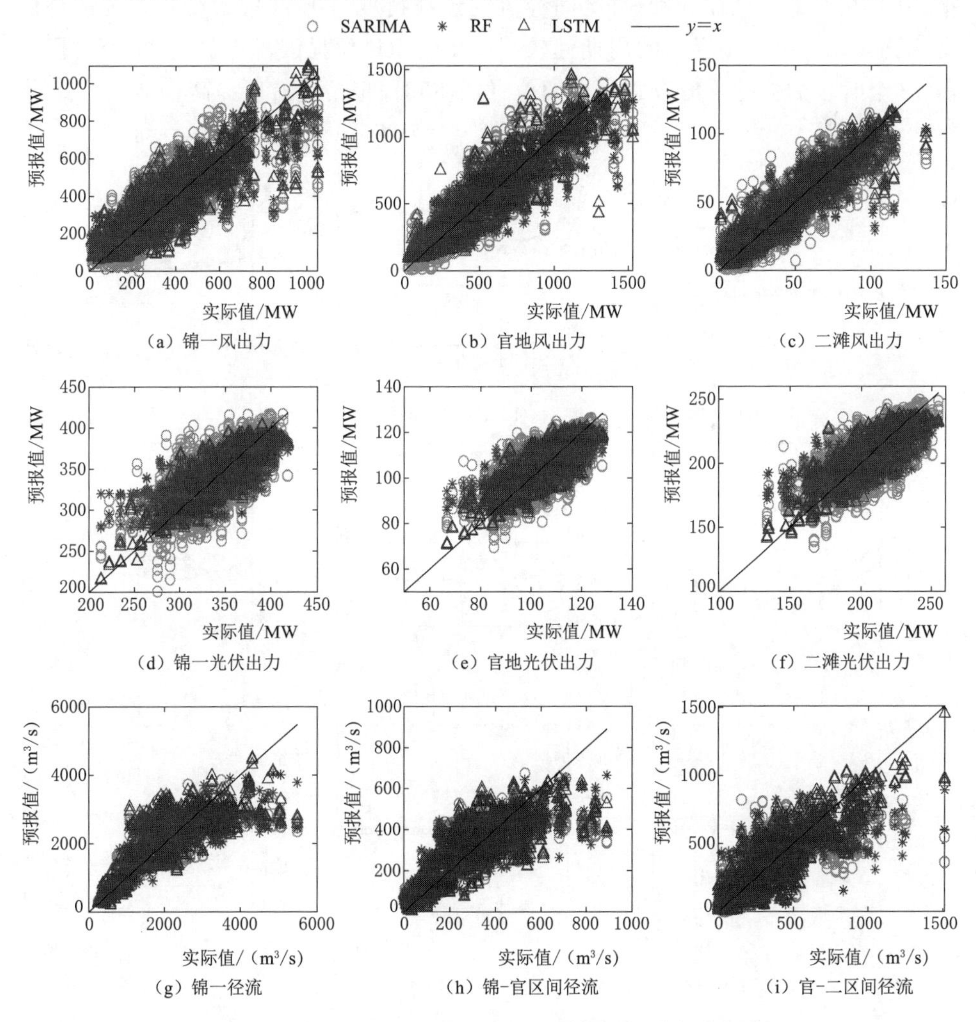

图 2.13 SARIMA、RF 和 LSTM 模型预报值与实际值

型的数据点分布相对离散，这说明LSTM模型对风电出力、光伏出力及径流的预报可靠性更高。对于SARIMA模型，当径流较小时，数据点分布较LSTM模型更加集中于$y=x$线，说明SARIMA模型对枯水期的径流预报有较高的精度。

图2.14为各个预报模型预报的确定系数（R^2）随预见期的变化情况。同时以每个月份的对应的多年月平均值作为预报数据进行对照（简称平均值预报），平均值预报的R^2不随预见期变化，其大小与预报变量统计特性有关。当预报模型的R^2低于平均值预报的R^2，则说明预报效果较差。总体上，各个模型的R^2随着预见期的增长而减小。其中，LSTM对风电出力和光伏出力预报精度随预见期衰减缓慢，其R^2处在较高的水平，普遍优于RF、SARIMA和平均值预报。RF在对锦一径流和锦-官区间径流的预报精度与LSTM类似，可能的原因是相比较风光出力，径流的周期性较强，由于RF预报因子中的前11个时段和前12个时段的数据含有较强的周期信息，使其预报精度有所提高。

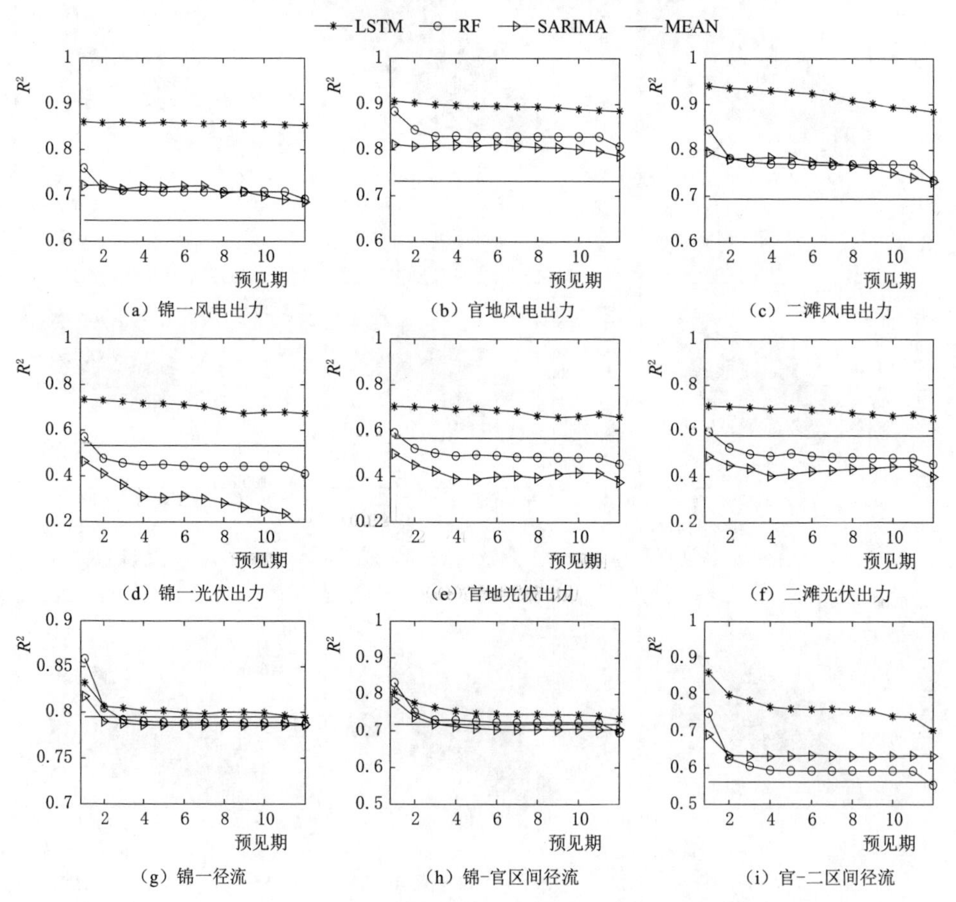

图2.14 不同预报模型确定系数随预见期变化情况

基于每个月的平均相对误差指标（MARE）对模型在各个月份的性能进行分析，对于不同的季节，风电出力预报在6—9月的MARE比其他月份高，由于风能资源主要集中在春冬两季，夏季风电出力平均值较小，同样的预报绝对误差下其MARE较高。对于光伏出力，其季节性变化幅度并不明显，其MARE的季节性变化幅度也较小。对于径流预报，其中，锦一水库汛期入库径流变化迅速，汛期的MARE高于枯水期；而对于锦-官区间和官-二区间，其径流量较小，枯水期流量甚至会出现$10m^3/s$以下的情况，因此枯水期也会出现MARE较大的情况。

针对不同预报模型，在风电出力和光伏出力预报方面，LSTM的MARE普遍低于RF和SARIMA。对于径流预报，总体上，汛期（6—11月）LSTM表现较好，MARE约为0.31，RF和SARIMA的MARE约0.34和0.36；枯水期（12月至次年5月）LSTM、RF和SARIMA的MARE分别为0.34、0.31和0.30，LSTM的预报精度略低。

总体上，LSTM的预报效果最好，且随着预见期延长其预报精度衰减缓慢，对长期预报有较好的预报效果；RF在对锦一径流和锦-官区间径流的预报效果与LSTM类似；SARIMA则对枯水期径流比LSTM预报效果更好。

2.3.3.3 组合预报模型及预报结果

基于SARIMA、RF、LSTM在训练期（1968—2013年）对各子系统风光出力及径流的预报精度，以LSTM为基准子模型，设置阈值$\varepsilon=5\%$，计算得到组合预报模型。具体在组合预报模型中，对于风电出力和光伏出力全时段均采用LSTM进行预报；对于锦一入库径流1—2月、11月采用SARIMA进行预报，9—10月采用RF进行预报，其余月份采用LSTM进行预报；对于锦-官区间径流1月、10月采用SARIMA进行预报，2—4月采用RF进行预报，其余月份采用LSTM进行预报；对于官-二区间径流，1—5月、11—12月采用SARIMA进行预报，其余月份采用LSTM进行预报。为检验模型效果，分别采用SARIMA、RF、LSTM和组合预报模型对检验期（2013—2018年）风电出力、光伏出力和径流进行了预报。

图2.15展示了预见期为1个时段（1个月）时各个模型预报值与实际值的对比情况。对于锦一风电出力，在检验期初期SARIMA和RF的预报精度高于LSTM，这是因为锦一风电出力在2013年变化趋势发生了明显改变，其波动幅度明显减小，SARIMA中移动平均过程会快速调整随机变动项，RF中预报因子改变直接作用于预报结果，因此当所要预测的时间序列发生突变时，结构相对简单的SARIMA和RF能够做出较为快速的反应；LSTM由于含有记忆单元，历史值对模型的结构有一定的影响，突变发生时需要一定的反应时间，随着预报的推进，LSTM记忆单元更新，预报精度迅速提高。

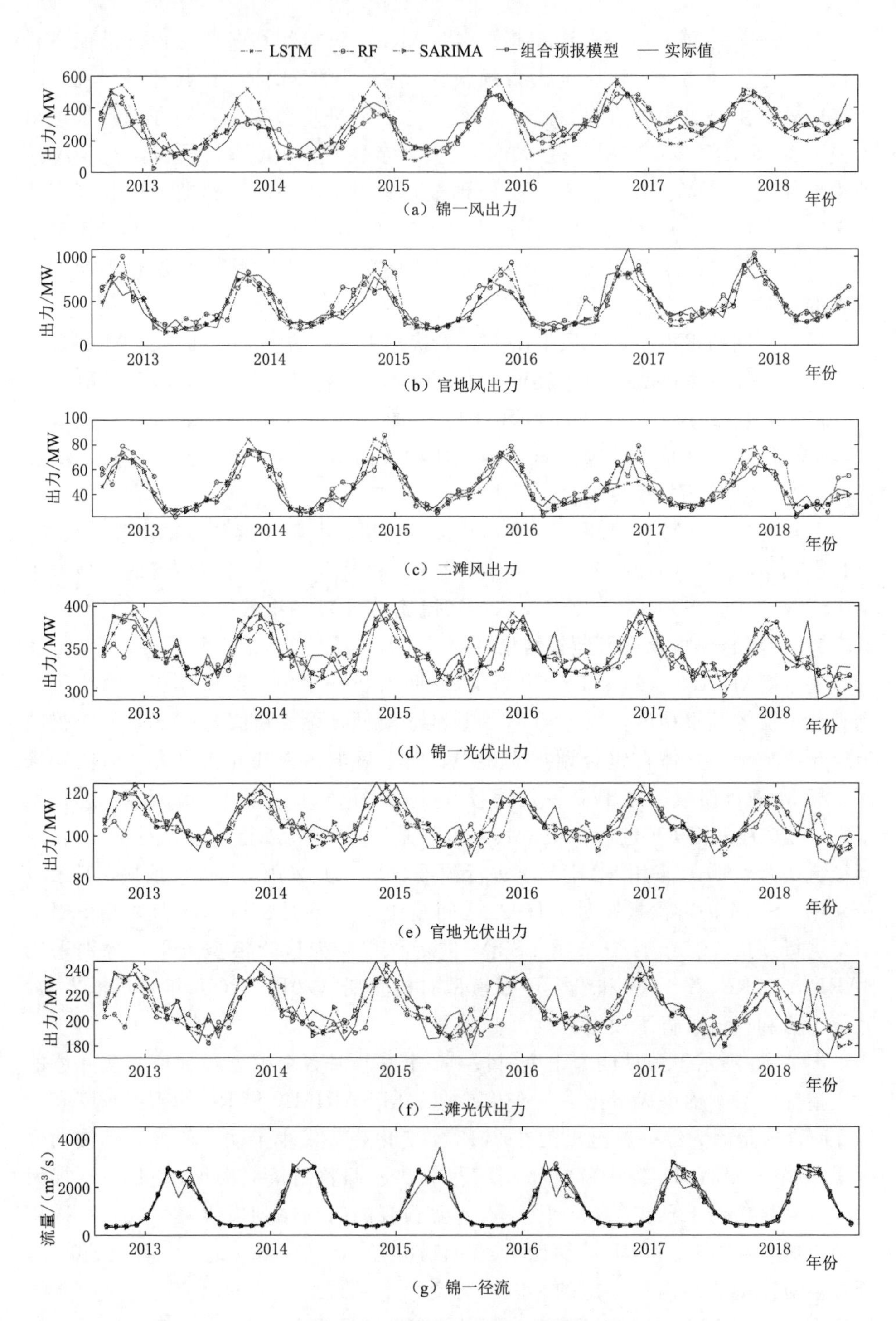

（a）锦一风出力

（b）官地风出力

（c）二滩风出力

（d）锦一光伏出力

（e）官地光伏出力

（f）二滩光伏出力

（g）锦一径流

图 2.15（一）　检验期不同预报模型结果对比

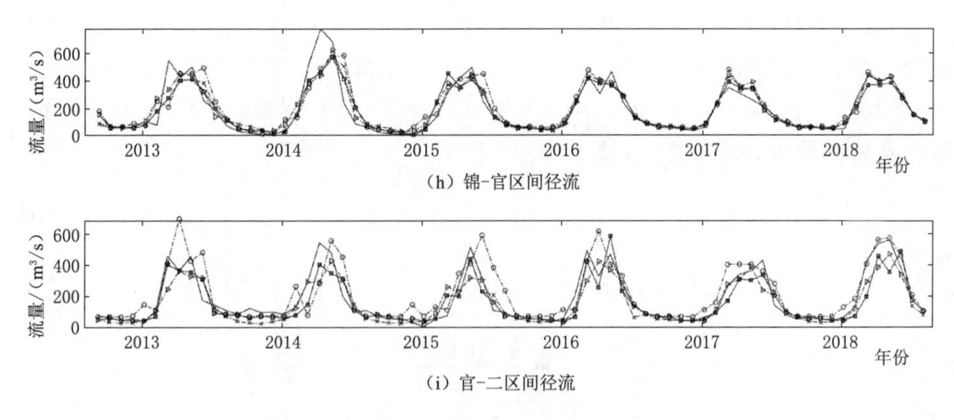

图 2.15(二) 检验期不同预报模型结果对比

表 2.11 为不同预报模型在检验期对锦一子系统、官地子系统和二滩子系统的风电出力、光伏出力和径流预报的绝对误差、平均相对误差和确定系数情况。组合预报模型在对所有变量的预报中，有 67%变量的 MAE 达到最小值、78%变量的 MARE 达到最小值，以及 67%变量的 R^2 为最优值，说明组合预报模型能够在一定程度上提高预报精度。

表 2.11　　检验期模型预报指标

参数	预报模型	风电出力/MW			光伏出力/MW			径流/(m³/s)		
		锦一	官地	二滩	锦一	官地	二滩	锦一	锦-官	官-二
MAE	LSTM	79.69	89.25	5.06	15.85	5.05	10.48	222.66	58.14	66.4
	RF	53.88	121.88	9.75	20.88	7.25	14.58	239.87	81.78	69.49
	SARIMA	55.31	79.67	5.24	16.92	5.36	10.52	219.76	57.41	55.97
	组合预报模型	79.69	89.25	5.06	15.85	5.05	10.48	199.4	55.31	60.24
MARE	LSTM	0.34	0.2	0.11	0.046	0.048	0.05	0.16	0.39	0.79
	RF	0.24	0.44	0.23	0.06	0.066	0.068	0.18	0.42	1.38
	SARIMA	0.23	0.21	0.12	0.049	0.051	0.051	0.16	0.38	0.67
	组合预报模型	0.34	0.2	0.11	0.046	0.048	0.05	0.14	0.34	0.68
R^2	LSTM	0.19	0.73	0.76	0.62	0.61	0.58	0.87	0.81	0.57
	RF	0.62	0.60	0.76	0.54	0.58	0.57	0.85	0.80	0.71
	SARIMA	0.60	0.76	0.83	0.48	0.54	0.55	0.86	0.83	0.77
	组合预报模型	0.19	0.73	0.76	0.62	0.61	0.58	0.87	0.84	0.81

2.3.3.4　组合预报模型预报误差分布

对组合预报模型在训练期和检验期的预报相对误差分布情况进行分析，采用基于 Python 语言的 SciPy.stats 模块对其概率分布进行拟合。布尔Ⅻ型分布能较好的描述相对误差的分布规律，其中式（2.34）为标准布尔Ⅻ型分布，在相对误差分布进行拟合时，需要对其进行平移和缩放，具体相对误差的概率见式（2.35）。不同子系统的风电出力、光伏出力及径流预报的相对误差的概率分布参数及拟合效果如表2.12和图2.16所示。

$$f(x,c,d)=\frac{cdx^{c-1}}{(1+x^{c})^{d+1}} \tag{2.34}$$

$$\begin{cases} f(\mathrm{MARE},c,d,\mathrm{loc},\mathrm{scale})=\dfrac{1}{\mathrm{scale}}f(x,c,d) \\ x=\dfrac{\mathrm{MARE}-\mathrm{loc}}{\mathrm{scale}} \end{cases} \tag{2.35}$$

表2.12　　风电出力、光伏出力及径流预报误差布尔Ⅻ型分布参数

参　数		c	d	loc	scale
风电出力	锦一	6.92	0.60	−1.05	0.93
	官地	7.19	0.71	−0.96	0.89
	二滩	9.93	0.69	−1.06	0.99
光伏出力	锦一	6.27	1.67	−0.21	0.23
	官地	4.93	2.39	−0.20	0.24
	二滩	4.95	2.22	−0.20	0.24
径流	锦一	20.60	0.63	−2.04	1.98
	锦-官	14.42	0.39	−1.83	1.66
	官-二	8.12	0.60	−1.56	1.40

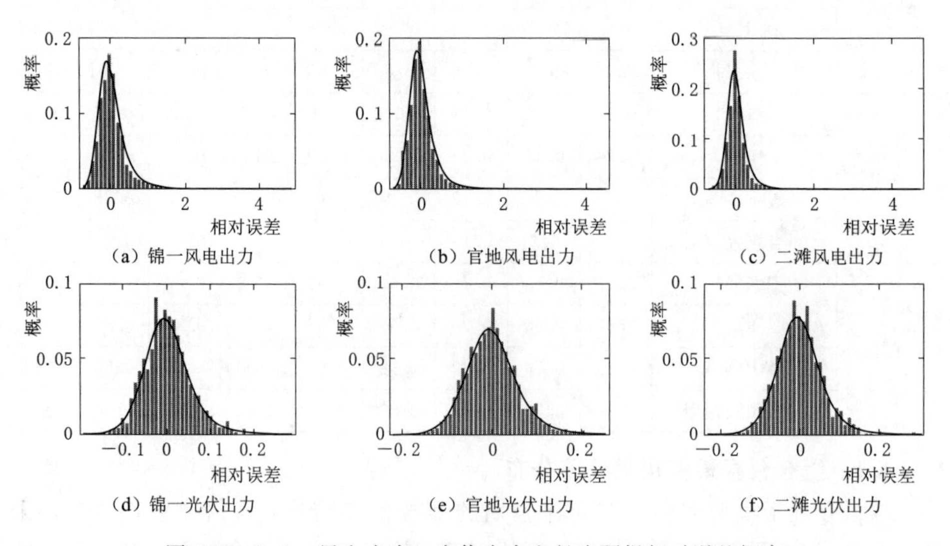

（a）锦一风电出力　（b）官地风电出力　（c）二滩风电出力
（d）锦一光伏出力　（e）官地光伏出力　（f）二滩光伏出力

图2.16（一）　风电出力、光伏出力和径流预报相对误差概率

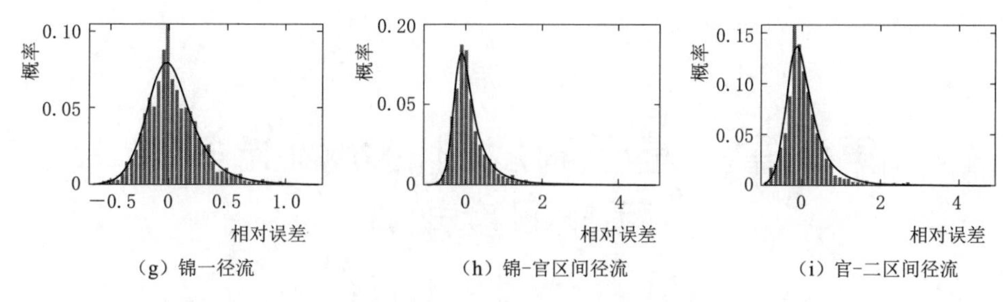

(g) 锦一径流　　(h) 锦-官区间径流　　(i) 官-二区间径流

图 2.16（二） 风电出力、光伏出力和径流预报相对误差概率

由图 2.16 可知，组合预报模型预报相对误差分布集中于 0 值附近。其中，光伏出力的预报相对误差分布接近于正太分布且数值较小，其预报误差不超过 30%。本节求解的相对误差概率密度曲线，将应用于随机预报误差的生成，为第 5 章分析不同预报精度对水风光多能互补系统优化调度的影响提供数据基础。

2.4 本章小结

本章基于风光电站和水电站之间的电力联系，将雅砻江下游水风光多能互补系统划分为锦屏一级子系统、官地子系统和二滩子系统，形成“全系统—子系统—各电站”的分区分级模式，分析各子系统的水风光资源特性，探究水风光出力的互补性，并建立风光出力和径流长期预报模型，主要研究成果和结论包括：①建立指数威布尔分布、逆高斯分布和 P-Ⅲ型分布刻画各子系统风速、辐射强度及入库径流的概率分布特性；②采用出力波动量指标分析水风光出力间的互补性，与锦一子系统和二滩子系统相比，官地子系统风电出力、光伏出力和水电出力之间的互补性最显著；③基于季节差分自回归滑动平均模型（SARIMA）、随机森林模型（RF）和长短期记忆神经网络模型（LSTM），建立风光出力和径流的组合预报模型，组合预报模型能结合 SARIMA 与 RF 的快速调节优势和 LSTM 的长期记忆功能进一步提高预报精度，与单一预报模型相比，有 78%的预报变量 MARE 达到最小值，其余为次小值。

本章主要创新点：提出了多模型组合长期预报方法，充分发挥不同预报模型的优势，提高了风电出力、光伏出力和径流预报的精度与可靠性。分别建立季节差分自回归-滑动平均模型（SARIMA）、随机森林模型（RF）和长短时记忆神经网络模型（LSTM），根据各模型在不同条件下的预报精度，提出了组合预报模型，发挥了 SARIMA 与 RF 的快速调节优势和 LSTM 的长期记忆功能，提高了风电出力、光伏出力和径流的预报精度。此外，该组合预报模型具有良好的拓展性和适应性，可根据地区特性和预报要求，进一步拓展接入其他预报模型，提升预报的精度和可靠性。

第3章　基于调度图的水风光多能互补调度规则

调度图是水库中长期调度规则的常用表达形式之一，常规调度图以充分发挥水库自身效益为目标进行绘制，当大规模风光出力接入梯级水电站后，水电站原有调度运行必然发生变化，传统水库调度图将不再适用于多能互补系统的调度运行。本章提出大规模风光接入下的梯级水库调度图形式和方法，构建水库调度图优化模型，提出逐次逼近法与混洗自适应进化法嵌套的双层求解方法。

3.1　概述

水库调度图作为一种长期调度规则，旨在利用风、光、水资源的季节性分布规律提高多能互补系统在较长时期上的发电效益。常规水库调度图通常以所在时段的当前水库水位（库容）状态作为决策依据，未能充分利风光出力和径流等预报信息[153-154]。本章针对水风光多能互补系统，在常规水库调度图的基础上，提出耦合风光出力和径流预报信息的梯级水库调度图形式和绘制方法。

长期调度的主要目的是以综合发电效益最大，确定水库中长期控制策略，为短期调度提供边界条件。对于风电出力和光伏出力，其随机性和间歇性特征随时间尺度的缩短更加显著，调度模型时间尺度越短，其模拟结果越准确[155-157]。以月或旬为调度时段的长期调度会均化风光出力的波动性，低估风光出力对发电系统的影响。为了在长期调度中考虑短期调度的特征，明波[90]针对水光互补电站，建立了光伏弃电损失函数模拟模型，构造了光伏能量损失函数，并耦合在中长期调度模型中。对于风电光电接入梯级水电站打捆送至电网的水风光多能互补系统，风光出力会挤占水电输送通道，造成水电弃电。本章提出长短期水电折算函数，建立长期调度水电出力与短期调度水电出力之间的联系，在此基础上进行调度图优化。研究框架和步骤如下：

（1）在常规调度图的基础上，根据调度图分区判别标准及决策形式，以及是否考虑风光出力及径流预报等因素，提出适用于水风光多能互补系统的水库调度图。

（2）建立水风光多能互补系统短期调度模型和长期调度模型，求解短期小时尺度调度过程，统计其在长期月尺度上的水电出力，通过与长期调度过程对比，计算长-短期水电折算系数，拟合长短期水电折算函数。

（3）以水风光多能互补系统累计发电效益最大化为目标，建立调度图优化模型，并采用逐次逼近法（SA）和混洗自适用进化算法（SCSAHE）嵌套的双层优化算法进行模型求解。

（4）以组合预报模型预报结果作为预报信息，模拟和对比不同类型调度图下的互补系统调度过程。

具体研究框架和步骤如图 3.1 所示。

图 3.1　风光接入下水库调度图研究框架和步骤

3.2　大规模风光接入下水库调度图形式

针对以发电为主要功能的水库，常规调度图一般以水库水位为调度区判别因子，以水电出力为决策变量。对于水风光多能互补系统，本节在常规调度图的基础上引入风电出力、光伏出力及径流预报信息，根据判别因子的数量，提出单判别因子预报调度图和双判别因子预报调度图。

（1）常规调度图。通常包括下基本调度线、上基本调度线、加大出力线等，对应于降低出力区、保证出力区和加大出力区等。调度图中水库水位的下限为死水位，上限为正常蓄水位（枯水期）或汛限水位（汛期），如图 3.2（a）所示。决策者基于当前时段水库水位确定调度区，调度区规定的出力即为该时段的水电站的应出力，进一步可通过以电定水计算求解水库的发电流量、水位、

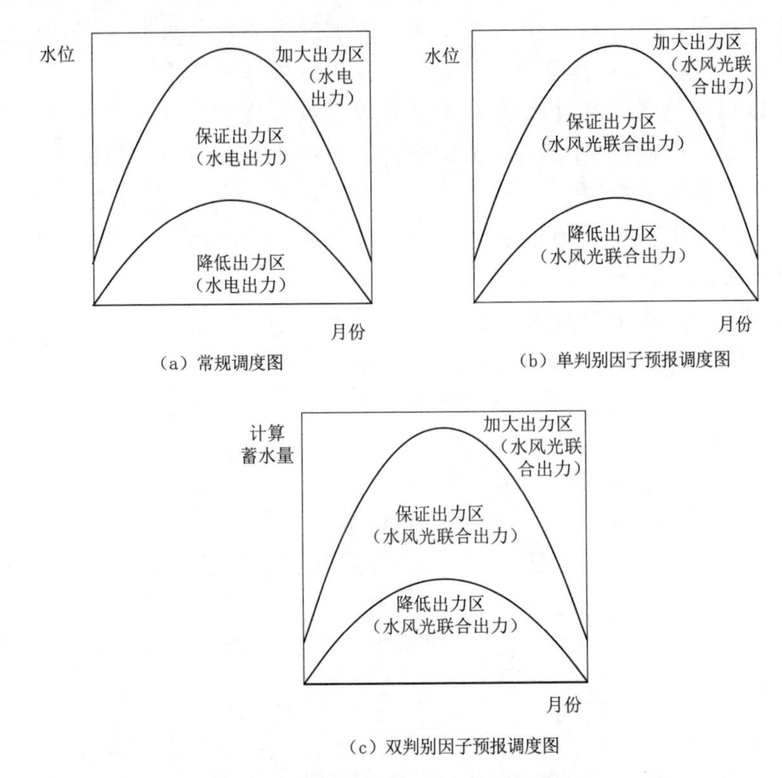

（a）常规调度图

（b）单判别因子预报调度图

（c）双判别因子预报调度图

图 3.2　大规模风光接入下水库调度图形式

库容等调度决策。

（2）单判别因子预报调度图。以水库水位为调度区判别因子，考虑风电出力和光伏出力预报信息，以风电出力、光伏出力和水电出力之和（简称水风光联合出力）作为调度区决策变量。根据当前时刻水库水位所在调度区，确定当前时段水风光联合出力，如图 3.2（b）所示，减去该时段的风光出力预报值，即为该时段水电应发出力，进而通过以电定水确定水库的发电流量、水位、库容等调度决策。

（3）双判别因子预报调度图。以水库水位和入库流量为调度区判别因子，考虑风电出力、光伏出力和径流预报信息，以水风光联合出力为调度区决策变量。根据当前时段水库水位状态和预报入库流量确定调度区，进而确定当前时段水风光联合出力。与单判别因子调度图类似，水风光联合出力减去该时段的风光出力预报值，为该时段应发水电出力，进而确定调度决策，如图 3.2（c）所示。为了保留调度图的结构，降低调度图加入径流预报信息后的复杂性，需要将不同的判别因子转化为具有可比性的统一量纲[158]。本书把水库水位与入库径流转化成对应的水库蓄水量[89] 作为判别变量（简称计算蓄水量），即在当前时刻水库所处水位状态下，基于预报入库流量，水库在不泄水状态下能达到的蓄水量。由于计算蓄水量受水库入库流量大小的影响，不存在固定的上限。

$$V_t^{Th}=V_{t,0}+Q_t\Delta t \tag{3.1}$$

$$V_{t,0}=f(Z_{t,0}) \tag{3.2}$$

式中：V_t^{Th} 为含有径流预报信息的水库计算蓄水量，m^3；Q_t 为研究时段 t 的预报入库流量，m^3/s；Δt 为时间步长，h；$f(\cdot)$ 为水位库容关系；$Z_{t,0}$ 为 t 时段初的水库水位，m；$V_{t,0}$ 为 t 时段初的水库库容，m^3。

3.3 长短期水电折算函数

当水库水位和入库流量处在较高的水平时，由于水电站水库受到最高库水位的限制，水电通常会加大出力运行，对于水风光多能互补系统，若接入水电站的风电出力和光伏出力较大，风光出力会挤占原水电的电力输送通道，水电站会产生弃电。然而在中长期尺度下，由于风电出力、光伏出力及入库径流的波动程度被坦化，水风光联合出力可能并未超过电力传输通道能力，因此在月或旬尺度的长期调度中未能反映出水电站因为协调风光出力而发生的弃电，即短期调度下输送至电网的水电出力低于长期调度中输送至电网的水电出力。为此，本书通过分别模拟短期调度出力过程和长期调度出力过程，设置长短期水电折算函数，定量表达长期时段能够输送至电网的水电出力与水库库容、长期调度直接计算的水电出力、流量等因素的关系。

假定水电站在调度中能够充分利用水库调节能力，长期月尺度出力过程通过求解确定性水风光多能互补长期调度模型得到，短期小时尺度出力过程通过确定性水风光多能互补短期调度模型得到[159-160]。模型以水风光多能互补系统整个调度期发电量最大为目标。为促进新能源的消纳，当水风光联合出力超过电力输送能力时，先弃水电出力。长期调度模型和短期调度模型只考虑调度期和时段长的差异，采用相同的目标函数。

$$E=\left\{\sum_{i=1}^{N}\sum_{l=L_0}^{L}(K_iQ_{i,l}H_{i,l}/1000+Nw_{i,l}+Ns_{i,l})\Delta l/10^5\right\} \tag{3.3}$$

式中：E 为调度期互补系统的累计电量，亿 kW·h；L_0 为调度期初时序；L 为调度期末时序，长期调度中 L_0 和 L 为整个调度期初时序和末时序，短期调度模型中 L_0 和 L 随起始时间变化而不断变化；Δl 为调度模型对应的时间长度，h；K_i 为第 i 个水电站的出力系数；$Q_{i,l}$ 为第 i 个水电站在 l 时段的发电流量，m^3/s；$H_{i,l}$ 为第 i 个水电站在 l 时段的发电水头，m；$Nw_{i,l}$ 和 $Ns_{i,l}$ 分别为 l 时段接入到第 i 个水电站的风电出力和光伏出力，MW。

长短期水电折算系数为短期调度在长期调度时段上水电输送电量的累计值

与同一时段长期调度模拟的水电输送电量之比。

$$\gamma_{i,t}=\frac{\sum_{u=t-1}^{t}B_{i,u}}{A_{i,t}},\ t=1,2,\cdots,T \tag{3.4}$$

式中：$\gamma_{i,t}$ 为第 i 个水电站在长期调度中 t 时段的长短期水电折算系数；t 为长期调度的时段索引；$A_{i,t}$ 为第 i 个水电站在长期调度模型下 t 时段的水电发电量，亿 kW · h；$B_{i,u}$ 为第 i 个水电站在 t 时段覆盖的短期调度中第 u 个时段的水电发电量，亿 kW · h。

影响长短期水电折算系数的因素包括接入的风光出力、入库流量、面临时刻的水库状态等因素，本书采用相关分析识别其中起关键作用的因素作为影响因子，根据影响因子和长短期水电折算系数构建样本集，据此拟合得到长短期水电折算函数 $\Gamma_i(\cdot)$，考虑短期水电损失的长期调度水电出力 $Nh_{i,t}$ 可表示为

$$Nh'_{i,t}=K_iQ_{i,t}H_{i,t}/1000 \tag{3.5}$$

$$Nh_{i,t}=Nh'_{i,t}\Gamma_i(C_i^1,C_i^2,\cdots,C_i^n) \tag{3.6}$$

式中：$Nh'_{i,t}$ 为第 i 个水电站在长期调度模型中直接计算的 t 时段的水电出力（简称计算水电出力），MW；$Q_{i,t}$ 为第 i 个水电站在 t 时段的发电流量，m^3/s；$H_{i,t}$ 为第 i 个水电站在 t 时段的发电水头，m；C_i 为第 i 个水电站的影响因子；n 为影响因子的个数。

3.4 调度图优化模型

3.4.1 目标函数

调度图作为一种长期调度规则，其主要目的是保证水风光多能互补系统在较长时间上的发电效益。本节以水风光多能互补系统整个调度期的累计发电量最大为目标建立调度图优化模型。

$$E=\max\left\{\sum_{i=1}^{N}\sum_{t=0}^{T}(Nh_{i,t}+Nw_{i,t}+Ns_{i,t})\Delta t/10^5\right\} \tag{3.7}$$

式中：E 为调度期的水风光多能互补系统的累计电量，亿 kW · h；$Nh_{i,t}$、$Nw_{i,t}$ 和 $Ns_{i,t}$ 分别为第 i 个子系统在时段 t 的水电出力、风电出力和光伏出力，MW，由于子系统的划分是以大型水电站为中心，每个子系统包括一个水电站及需要将出力接入到该水电站打捆送出的风电站和光伏电站，因此，i 也是水电站水库的索引；Δt 为时段长度，h。

3.4.2 约束条件

约束条件包括调度线形状约束、水量平衡约束、库容约束、流量约束、出力约束和电网传输能力约束等。

（1）调度线形状约束，调度图需要满足调度线不交叉原则[77]：

$$Z_{i,t}^{\min} \leqslant d_{i,t}^{j-1} \leqslant d_{i,t}^{j} \leqslant d_{i,t}^{j+1} \leqslant Z_{i,t}^{\max} \quad (i=1,2,\cdots,n;\ t=1,2,\cdots,T;\ j=1,2,\cdots,k) \tag{3.8}$$

式中：k 为调度线的数量；$d_{i,t}^{j}$ 为调度图 i 在 t 时段的第 j 条调度线上的标点值，m；$d_{i,t}^{j-1}$ 和 $d_{i,t}^{j+1}$ 分别为统一时段第 j 条调度线上下两条调度线的值，m；$Z_{i,t}^{\min}$ 和 $Z_{i,t}^{\max}$ 分别为调度图 i 在 t 时段所允许的最低水位和最高水位，m。

（2）水量平衡约束：

$$s_{i,t+1} = s_{i,t} + \left(I_{i,t} + \sum_{j \in \psi_i} r_{j,t} - r_{i,t}\right)\Delta t \tag{3.9}$$

$$r_{i,t} = Q_{i,t} + d_{i,t} \tag{3.10}$$

式中：ψ_i 为与水库 i 有直接水力联系的上游水库集合；$r_{i,t}$ 是水库 i 在时段 t 的泄流量，m^3/s；$Q_{i,t}$ 和 $d_{i,t}$ 分别为水库 i 在时段 t 的发电流量和弃水量，m^3/s。

（3）库容约束：

$$s_{i,t}^{\min} \leqslant s_{i,t} \leqslant s_{i,t}^{\max} \tag{3.11}$$

式中：$s_{i,t}^{\min}$ 和 $s_{i,t}^{\max}$ 分别为水库 i 在 t 时段初允许的最小库容和最大库容，亿 m^3。

（4）流量约束：

$$r_{i,t}^{\min} \leqslant r_{i,t} \leqslant r_{i,t}^{\max} \tag{3.12}$$

$$Q_{i,t} \leqslant Q_i^{\max} \tag{3.13}$$

式中：$r_{i,t}^{\min}$ 和 $r_{i,t}^{\max}$ 分别为水库 i 在时段 t 允许的下泄流量的下限和上限，m^3/s；$Q_i^{\max}$ 为水电站 i 的过机流量，m^3/s。

（5）出力约束：

$$Nh_{i,t} \leqslant Nh_{i,\max} \tag{3.14}$$

式中：$Nh_{i,\max}$ 为水电站 i 允许的最大出力，MW。

（6）电网传输能力约束：

$$Nh_{i,t} + Nw_{i,t} + Ns_{i,t} \leqslant Tr_{i,\max} \tag{3.15}$$

式中：$Tr_{i,\max}$ 为子系统 i 的电力输送能力，本书中风光出力接入水电站，共用水电站通道送出，子系统 i 的输送能力即为水电站 i 的输送能力，MW。

3.4.3 求解方法

梯级水库调度图优化是一个多变量多维复杂优化问题，需要将其解耦成互相关联的子问题，进一步对子问题进行求解，以降低优化问题的复杂度[161]。本书提出逐次逼近法（Successive approximation approach，SA）与混洗自适应进化算法（Shuffled Complex Self Adaptive Hybrid Evolution，SCSAHE）嵌套求解的方法。采用逐次逼近原理将梯级水库调度图优化问题转化成调度线迭代优化的问题，并采用SCSAHE优化方法对每条调度线进行优化。

逐次逼近法可将包含若干决策变量的优化问题分解为若干子问题，每个子问题相比原来的总问题有较少的决策变量，能够有效降低原问题的复杂度。通过轮流改变每个子问题决策变量的状态，同时固定其余子问题中的决策变量进行寻优，迭代计算直至收敛[162-163]。求解过程中，因其子问题决策变量较少可节省计算时间，能够有效克服"维数灾"。本章采取逐次逼近法对调度图优化问题进行降维，通过对调度线的迭代寻优实现调度图的优化，求解梯级水库优化调度图。

SCSAHE 算法是 Naeini 等[164] 于 2018 年提出的一种结合多种进化算法(Evolutionary Algorithm，EA）的优化框架。由于不同进化算法具有不同的优势和局限性，目前并没有一种优化算法可以全面优于其他算法，为特定优化问题选择性能最佳的算法是一项烦琐的任务。SCSAHE 运用并行计算原理，通过结合多种 EA，在优化过程中评估不同 EA 的性能，调整优化资源的分配，以达到结合不同 EA 算法优势的效果。SCSAHE 在种群进化过程中能够克服单一进化算法收敛速度慢或局部收敛的缺点，提高计算效率。图 3.3 为 SCSAHE 算法流程。

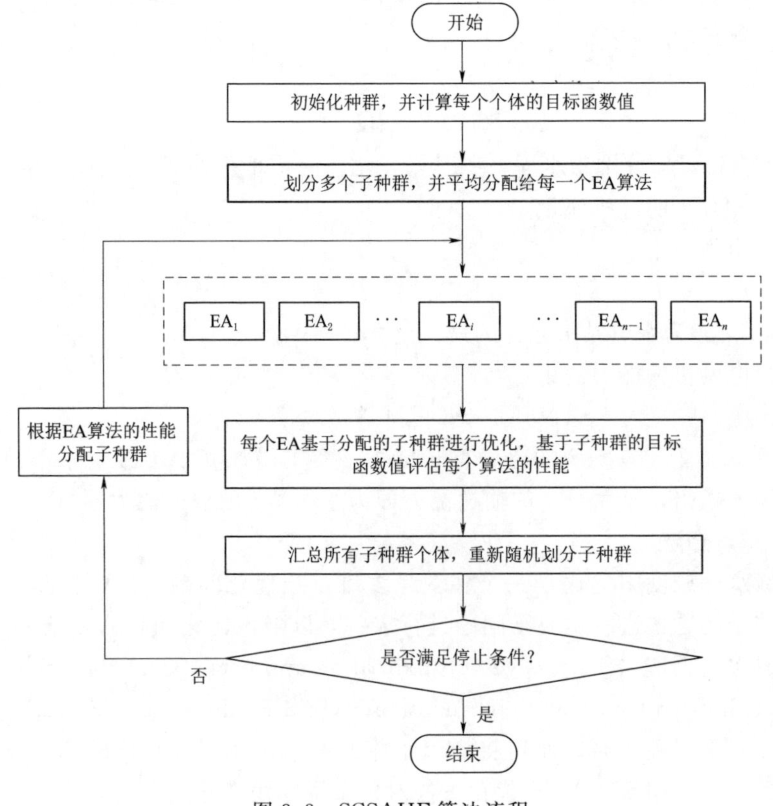

图 3.3　SCSAHE 算法流程

结合 SA 的有效降维能力和 SCSAHE 较高的收敛性能，提出 SA 与 SCSAHE 嵌套的双层求解方法，求解流程如图 3.4 所示。求解步骤如下：

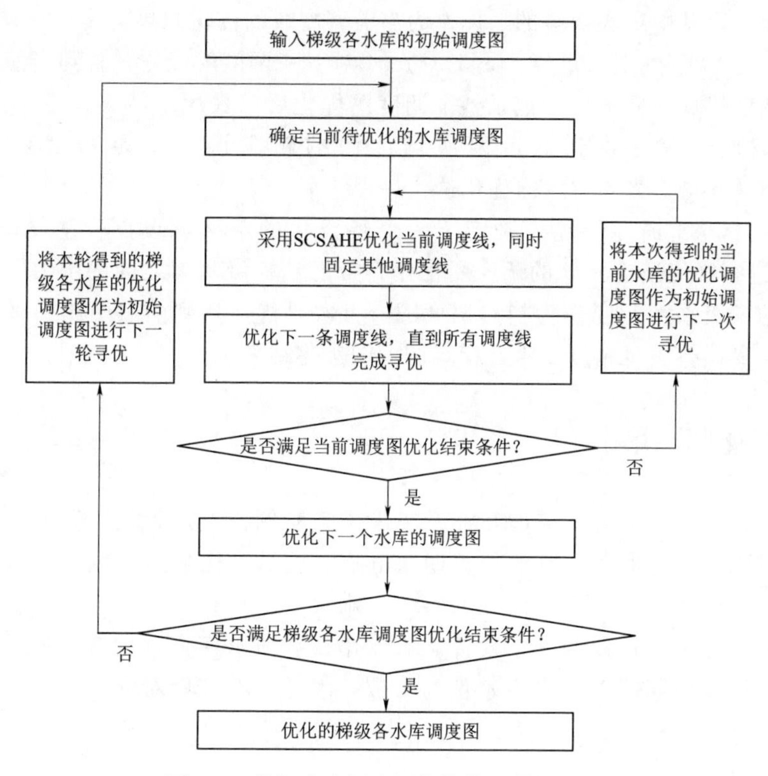

图 3.4 梯级水库调度图优化模型求解流程

以相邻两轮迭代的梯级水库调度图之间的距离是否满足精度要求作为调度图优化的结束条件。定义调度线 f 与调度线 g 之间的距离为 $D(f,g)=\sum_{k=1}^{K}|f_k-g_k|$，其中 f_k 和 g_k 分别表示在 k 时段调度线 f 和调度线 g 上的水库水位标点值。同理，调度图之间的距离为 $D(C1,C2)=\sum_{s=1}^{S}\sum_{k=1}^{K}|C1_{s,k}-C2_{s,k}|$，其中，$C1_{s,k}$ 和 $C2_{s,k}$ 分别对应于调度图 $C1$ 与 $C2$ 的第 s 条调度线在 k 时段的标点值；K 为调度线优化的标点值的个数，S 为优化的调度线的条数。

Step1：输入梯级各水库的初始调度图。

Step2：确定当前待优化的调度图并固定其他水库的调度图。

Step3：确定待优化调度图中当前调度线 L 的可行域，固定除当前调度线 L 以外的其他调度线。

Step4：对当前调度线在其可行域范围内运用 SCSAHE 算法寻优，其中任意一个个体与其他固定调度线构成新的调度图，根据长系列历史径流资料，按照调度区决策要求模拟梯级水电站水库的实际调度过程，计算个体对应的互补系统效益值，取其中最大效益的个体作为当前调度线的优化结果。

Step5：从下到上，重复 Step3～Step4 对下一调度线优化，直到当前调度图中所有调度线寻优完成，并记录整个调度图优化后的最优个体 C^1，完成当前调度图第一次寻优。直到前后两次调度图的距离误差满足精度要求，即 $|C^{n+1}-C^n|\leqslant\delta$，当前调度图优化迭代过程结束。

Step6：从上游至下游，确定下一个待优化的水库调度图，重复 Step2～Step5，进行梯级所有水库的调度图优化。考虑到梯级水库之间的水力联系，将优化后的梯级水库调度作为初始调度图，再次寻优，直到前后两轮梯级水库调度图的距离误差满足精度要求，梯级调度图优化结束。

3.5　实例分析

以雅砻江下游水风光多能互补系统为研究实例，以月为长期调度的研究时段，求解锦一、官地和二滩的长短期水电折算函数，构建适应风光接入条件下的梯级水库调度图。其中，锦一水库和二滩水库分别具有年调节能力和季调节能力，能够在水库长期调度中发挥调蓄作用；官地水库为日调节水库，在以月为调度时段的长期调度中水库水位为常数，因此，本实例对锦一和二滩的调度图进行研究。

3.5.1　研究数据

研究数据包括历史风电出力、光伏出力及径流月尺度数据和水库初始调度图。风光出力及径流数据用于长短期水电折算函数的求解和调度图的优化，水库初始调度图分别为常规调度图、单判别因子预报调度图和双判别因子预报调度图的优化提供初始解。

3.5.1.1　风光出力及径流数据

长短期水电折算函数求解所需数据包括：2013 年 6 月至 2018 年 5 月小时尺度和月尺度的锦一水库入库流量、锦-官区间流量和官-二区间流量；2013 年 6 月至 2018 年 5 月锦一子系统、官地子系统和二滩子系统小时尺度和月尺度的风电出力、光伏出力序列。

调度图优化与模拟所需数据包括：1968 年 6 月至 2018 年 5 月锦一水库、锦-官区间和官-二区间的月尺度径流序列；1968 年 6 月至 2018 年 5 月锦一子系统、官地子系统和二滩子系统月尺度风电出力序列和光伏出力序列。2013 年 6 月至 2018 年 5 月组合模型预报的各子系统风电出力、光伏出力和径流。其中 1968 年 6 月至 2013 年 5 月的数据用于调度图的优化，2013 年 6 月至 2018 年 5 月的数据用于优化调度图的模拟。

3.5.1.2 初始调度图

1. 常规调度图

锦一水库和二滩水库的主要功能为发电，指导其长期运行的常规调度图为兴利调度（即定出力调度图），分别包含一个保证出力区及多个降低出力区和加大出力区。锦一水库和二滩水库的常规调度图如图 3.5 所示。

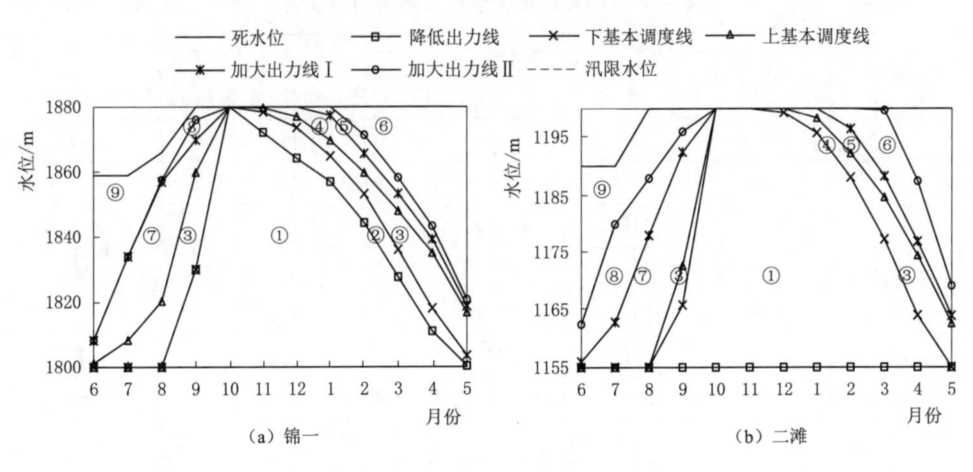

图 3.5 锦一水库和二滩水库常规调度图

水库根据当前时刻水位状态，确定所在分区进行调度。例如，锦一水库在 8 月初的水库水位为 1805m，水位在保证出力区③，则 8 月锦一水电站的出力值应为 1086MW，进一步通过以电定水计算可得到锦一水电站的发电流量，对水库进行调度。具体的各个调度区的决策见表 3.1。

表 3.1 常规调度图调度区水电出力决策 单位：MW

水库名称	降低出力区		保证出力区	加大出力区					
	①	②	③	④	⑤	⑥	⑦	⑧	⑨
锦一水库	850	977	1086	1200	1300	1500	1650	2300	3600
二滩水库	900	—	1028	1100	1300	1650	1650	2080	3300

2. 单判别因子预报调度图

单判别因子预报调度图在形式上与常规调度图（图 3.5）相同，区别在于调度区决策不同，为水风光联合出力。对于调度区的决策变量设置，本书在常规调度图调度区原出力决策的基础上叠加对应月份的多年月平均风光出力，作为水风光联合出力决策，具体见表 3.2 和表 3.3。对于调度图的应用，根据当前时刻水库水位所在调度区，确定该时段的水风光联合出力决策，进而确定水电站决策。例如，假设锦一水库在8月初的水库水位为1805m，预报的8月风电出力和光伏出力之和为500MW，根据图3.5可知此时所处调度区为③区，根据表3.2可知该月对应的水风光联合出力为1570MW，减去风光出力预报值500MW，该月的水电应发出力为1070MW，通过以电定水即可得到该月的锦一水电站发电流量。

表3.2　锦一调度图各调度区水风光联合出力决策　单位：MW

月份	降低出力区		保证出力区	加大出力区		
	①	②	③	⑦	⑧	⑨
6	1400	1530	1640	2200	2850	3600
7	1350	1480	1590	2150	2800	3600
8	1340	1460	1570	2140	2790	3600
9	1320	1440	1550	2120	2770	3600
10	1350	1480	1580	2150	2800	3600
	①	②	③	④	⑤	⑥
11	1430	1560	1670	1780	1880	2080
12	1470	1600	1710	1820	1920	2120
1	1600	1720	1830	1950	2050	2250
2	1800	1920	2030	2150	2250	2450
3	1880	2000	2110	2230	2330	2530
4	1760	1890	2000	2110	2210	2410

表3.3　二滩调度图各调度区水风光联合出力决策　单位：MW

月份	降低出力区	保证出力区	加大出力区		
	①	③	④	⑤	⑥
6	1140	1270	1890	2320	3300
7	1130	1250	1880	2310	3300
8	1130	1250	1880	2310	3300
9	1110	1240	1860	2290	3300
10	1110	1240	1860	2290	3300
	①	③	④	⑤	⑥
11	1120	1250	1320	1520	1870
12	1120	1250	1320	1520	1870
1	1150	1280	1350	1550	1900
2	1190	1320	1390	1590	1940

续表

月份	降低出力区	保证出力区	加 大 出 力 区		
	①	③	④	⑤	⑥
3	1220	1340	1420	1620	1970
4	1210	1340	1410	1610	1960

3. 双判别因子预报调度图

双判别因子预报调度图调度区的判别依据为计算蓄水量，由水库水位和时段预报来水共同决定，调度区决策为水风光联合出力，与单判别因子预报调度图相同（表 3.2 和表 3.3）。以常规调度图（图 3.5）为基础，确定其初始调度图：将常规调度图水位线根据水库容关系转化为对应的库容线，对每条库容线增加相应时段的多年平均来水量，得到初始的双判别因子预报调度图，如图 3.6 所示。其中，调度图的调度线在 6—10 月处在较高的位置，是由于该流域 6—10 月为汛期，来水较丰造成。决策者基于当前时刻的水库水位和预报入库径流判断所在调度区，确定水风光联合出力，基于预报的风光出力确定该时段的水库调度决策。例如，假设 8 月初锦一水库水位为 1805m，预报的 8 月的入库径流为 2500m^3/s，风电出力和光伏出力之和为 500MW，基于水位库容关系可知此时锦一水库蓄水量为 30.72 亿 m^3，入库径流带来的水量为 65.88 亿 m^3，因此计算蓄水量为 96.60 亿 m^3，根据图 3.6 可知位于调度区间③，进一步根据表 3.2 可知该月的水风光联合出力决策为 1570MW，与单因子判别调度图类似，进一步可求得水电站的发电流量决策。

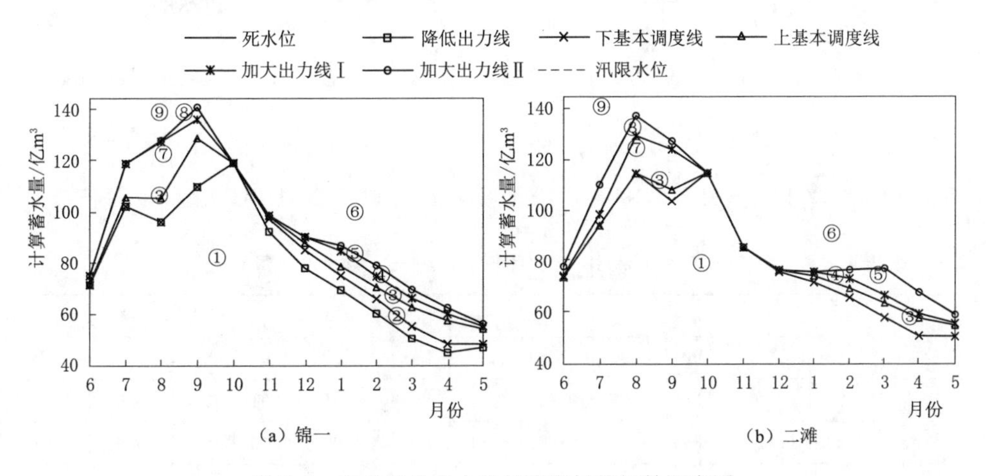

图 3.6 考虑风光出力及径流预报的初始调度图

3.5.2 长短期水电折算函数求解

本书分别对锦一水电站、官地水电站和二滩水电站求解长短期水电折算函数。采用2013年6月至2018年5月小时尺度的风光出力和径流数据驱动短期调度模型，得到小时尺度出力过程；采用2013年6月至2018年5月风电出力、光伏出力及径流月尺度数据驱动长期调度模型，得到月尺度出力过程，并基于式(3.4)得到每个月的长短期水电折算系数。图3.7展示了其中2017年6月至2018年5月各个子系统小时尺度和月尺度的风电出力、光伏出力和水电出力变化情况，表3.4为对应月的长短期水电折算系数。

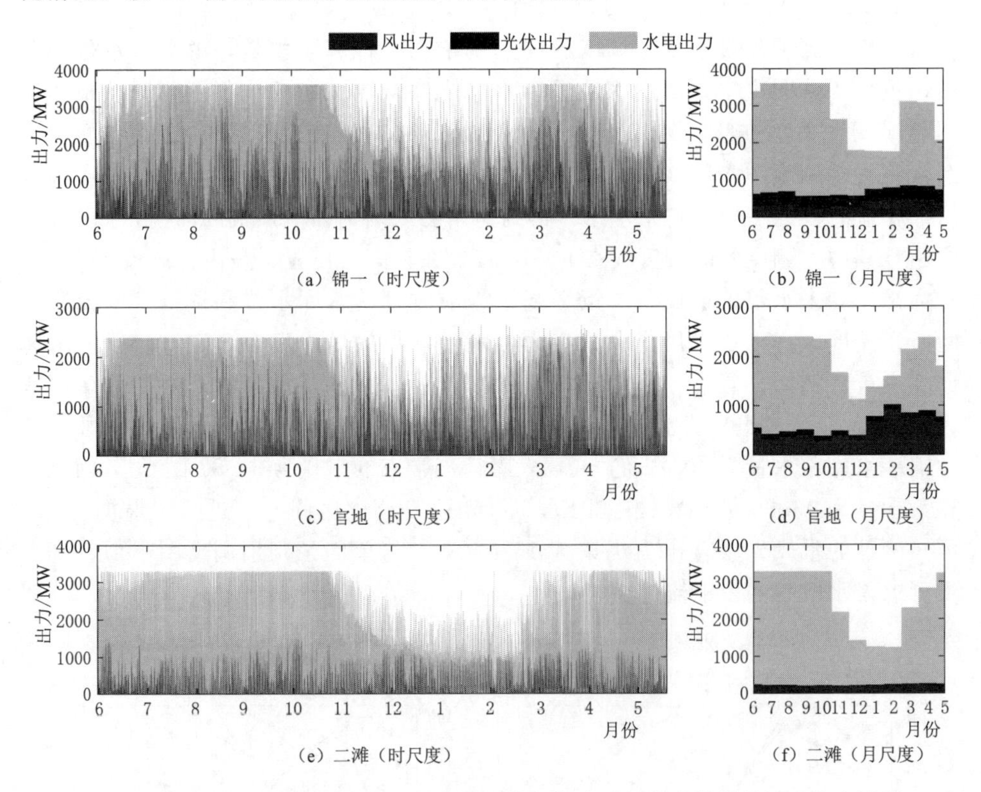

图3.7　2017年6月至2018年5月各子系统短期小时尺度和长期月尺度出力过程

表3.4　　2017年6月至2018年5月各子系统长短期水电折算系数

月份	6	7	8	9	10	11	12	1	2	3	4	5
锦一	0.82	0.91	0.92	0.90	0.96	0.98	1.00	1.00	1.00	0.97	0.99	0.99
官地	0.85	0.98	0.93	0.92	0.94	0.99	1.00	0.95	0.91	0.96	0.93	0.94
二滩	0.83	0.85	0.85	0.85	0.88	0.99	1.00	1.00	1.00	0.98	0.94	0.90

相比长期调度，短期小时尺度水电出力和风光出力波动特征明显。水电站协调风光出力来调节自身出力，以促进风光消纳。在汛期水库水位较高、入库径流较大，当风光接入较大时水电站需要降低出力运行，当达到最高水位时继

续降低出力会产生弃水。然而长期调度由于坦化了风光出力的波动性，使得计算的水电弃水量减少，将本来会弃掉的水电出力纳入了效益中，因此汛期各子系统的长短期水电折算系数低于枯水期。

分别对长期调度计算水电出力、入库径流、时段初水库库容、风电出力与光伏出力之和（风光联合出力）与长短期水电折算系数进行相关分析，选取与折算系数相关性较强的特征变量作为影响因子，用于拟合得到长短期水电折算函数。由于水电站水库在汛期（6—11月）和枯水期（12月至次年5月）分别承担蓄水和供水任务，风光出力及来水形势有较大区别，因此本书分别对汛期和枯水期的影响因子进行识别，各特征变量与折算系数之间的相关系数见表3.5。

表3.5　　不同特征变量与长短期水电折系数之间的相关系数

名　称	汛　期			枯　水　期		
	锦一	官地	二滩	锦一	官地	二滩
长期计算水电出力	−0.64	−0.69	−0.72	−0.94	−0.20	−0.90
入库径流	−0.40	−0.06	−0.43	−0.15	−0.20	−0.58
时段初库容	0.43	0.00	0.44	0.30	0.00	0.35
风光联合出力	0.17	−0.25	−0.05	−0.44	−0.85	−0.36

由表3.5可知，对于汛期，选取水电出力、时段初库容作为锦一和二滩的长短期水电折算系数的影响因子，选取水电出力作为官地长短期水电折算系数的影响因子；对于枯水期，选取水电出力作为锦一和二滩的影响因子，官地的影响因子则为风光联合出力。运用1stOpt优化分析软件[165]分别拟合各水电站长短期水电折算系数与影响因子之间的函数关系，得到各水电站汛期的长短期水电折算函数，如式（3.16）～式（3.18），和枯水期的长短期水电折算函数，如式（3.19）～式（3.21）。

$$\Gamma_{JP}=2.2+0.2\ln(Nh'_{JP})+\frac{5.1}{V_{JP}}-\frac{120.7}{V_{JP}^2} \tag{3.16}$$

$$\Gamma_{GD}=\begin{cases}1, & Nh'_{GD}\leqslant 1100\\ -7.9\times 10^{-5}Nh'_{GD}+1.1, & Nh'_{GD}>1100\end{cases} \tag{3.17}$$

$$\Gamma_{ET}=-8.6\times 10^{-5}Nh'_{ET}+2.1\times 10^{-3}V_{ET}+1.0 \tag{3.18}$$

式中：Γ_{JP}、Γ_{GD}和Γ_{ET}分别为锦一、官地和二滩的水电折算函数；Nh'_{JP}、Nh'_{GD}和Nh'_{ET}分别为锦一、官地和二滩基于长期调度模型直接计算的水电出力，MW；V_{JP}、V_{ET}分别为锦一和二滩计算时段初的水库库容，亿m^3。

$$\Gamma_{JP}=\begin{cases}1, & Nh'_{JP}\leqslant 1000\\ -1.4\times 10^{-5}Nh'_{JP}+1.0, & Nh'_{JP}>1000\end{cases} \tag{3.19}$$

$$\Gamma_{GD}=\begin{cases}1, & Nw_{GD}+Ns_{GD}\leqslant 550\\ -1.7\times10^{-4}(Nw_{GD}+Ns_{GD})+1.2, & Nw_{GD}+Ns_{GD}>550\end{cases} \tag{3.20}$$

$$\Gamma_{ET}=\begin{cases}1, & Nh'_{ET}\leqslant 1200\\ -3.9\times10^{-8}\times Nh'_{ET}+1.0\times10^{-4}\times Nh'_{ET}+0.9, & Nh'_{ET}>1200\end{cases} \tag{3.21}$$

式中：Nw_{GD}、Ns_{GD} 分别为接入官地水电站的风电出力和光伏出力，MW。

图3.8和图3.9为各水电站的长短期水电折算系数拟合情况。因枯水期的来水量较为稳定，水库弃水较少，其折算系数高于汛期，拟合度优于汛期。水电折算系数与水电出力及风光联合出力呈负相关，这是因为通常水电站在汛期出力较大，同时来水量大，水库库容有限，因此水电站为协调风电出力和光伏出力损失的电能也较多。接入的风光出力较大，会占用更多的电力输送通道，增加水电损失，因此折算系数也会随着风光出力的增加而降低。

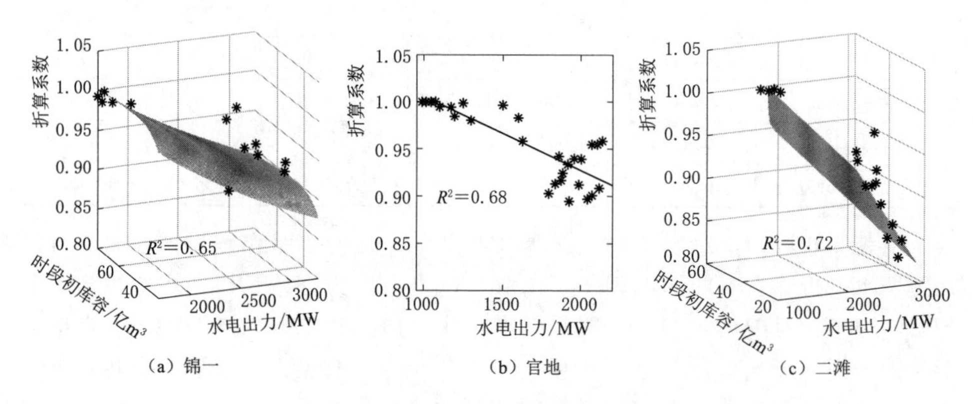

图3.8　汛期长短期水电折算系数

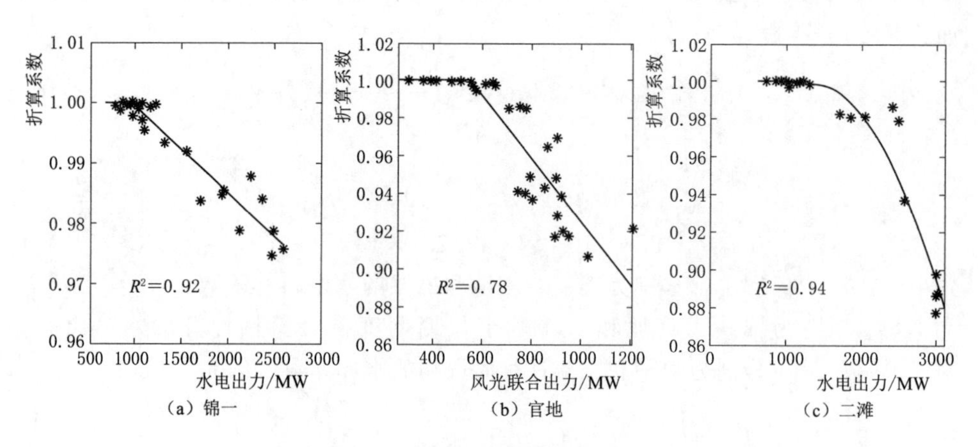

图3.9　枯水期长短期水电折算系数

3.5.3 调度图优化

在风光出力接入条件下，采用1968年6月至2013年5的风光出力及径流数据分别对常规调度图、单判别因子预报调度图、双判别因子预报调度图进行优化，得到常规优化调度图（简称调度图Ⅰ）、优化的单判别因子预报调度图（简称调度图Ⅱ）和优化的双判别因子预报调度图（简称调度图Ⅲ）。采用耦合SA与SCSAHE双层求解方法进行调度图优化模型求解，内层对单条调度线采用由洗牌复形演化算法[166]、差分进化算法[167-168]和蛙跳算法[169]构成的SCSAHE进行优化，种群个体数为300个，子种群数设置为12个，每个子种群包含个体数为25个，调度线优化最大迭代次数为2000代；外层梯级水库调度图优化收敛条件为相邻两轮迭代的梯级水库对应调度图之间的距离不超过2m。

图3.10为三类调度图优化结果，调度图Ⅰ、调度图Ⅱ和调度图Ⅲ的调度线相对于各自的初始调度图有所下移，即加大出力区范围增加，特别是在汛期末，这意味着水库在同样状态下，优化调度图会增加水电出力。调度图Ⅰ、调度图Ⅱ和调度图Ⅲ的初始调度图为常规调度图或基于常规调度图得到，常规调度图由于未考虑预报信息和风光出力接入，决策偏保守，在汛期末（10—11月），通常避免满发出力运行，以预防后续时段来水较少导致枯水期缺水缺电的情况。一方面，风光出力接入能够有效弥补水电枯期发电量的不足；另一方面，调度图Ⅱ和调度图Ⅲ结合预报信息，使得水电在汛期末也可以根据风光出力和径流形势继续保持较高出力运行，因此优化后的调度图加大出力区范围增加。

3.5.4 优化调度图效果

采用2013年6月至2018年5月共5个水文年的数据分别对常规调度图以及优化后得到的调度图Ⅰ、调度图Ⅱ和调度图Ⅲ对进行水风光多能互补系统的调度模拟。其中，采用第2章的组合预报模型的预报结果作为调度图Ⅱ和调度图Ⅲ所需的风光出力和径流预报信息。

表3.6展示了水风光多能互补系统和各个子系统的出力情况，调度图Ⅲ的发电效益增加最明显达到8.56%，由高到低依次为调度图Ⅱ、调度图Ⅰ，预报信息的加入能够提高系统综合发电效益。具体到各子系统，二滩子系统效益提高最为显著（超过10%），尽管二滩为季调节水库，但调度图的优化以整个互补系统的效益最大为目标，为梯级水库联合调度，上游的锦一水库对二滩水库调度起到一定的补偿调节作用；官地子系统效益几乎不变，由于官地是日调节水电站，在月尺度的水电站调度运行中其水库水位保持不变，官地的入库流量即用于发电，因此，在不同调度图模拟中官地子系统的平均发电效益相近。与调度图Ⅰ相比，考虑风光出力预报的调度图Ⅱ使得水风光系统平均出力增加1.19%，同时考虑风光出力和径流预报的调度图Ⅲ则增加3.43%，比调度图Ⅱ多增加2.24%，这说明考虑径流预报对提高系统的效益更加明显。

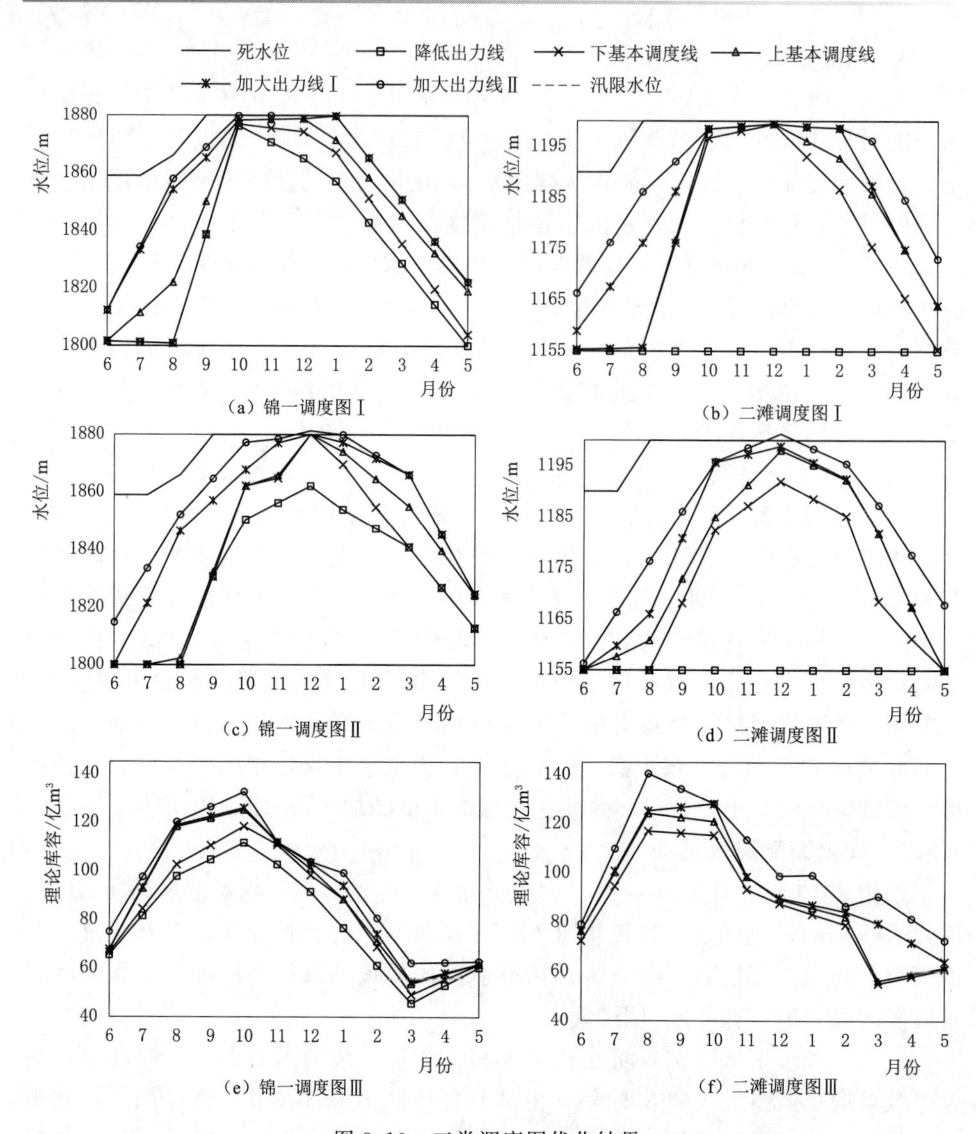

（a）锦一调度图Ⅰ

（b）二滩调度图Ⅰ

（c）锦一调度图Ⅱ

（d）二滩调度图Ⅱ

（e）锦一调度图Ⅲ

（f）二滩调度图Ⅲ

图3.10　三类调度图优化结果

表3.6　　水风光多能互补系统和各子系统的年平均出力情况

发电系统	平均出力/MW				较常规调度图增加比例/%		
	常规调度图	调度图Ⅰ	调度图Ⅱ	调度图Ⅲ	调度图Ⅰ	调度图Ⅱ	调度图Ⅲ
锦一子系统	2460	2545	2620	2654	3.44	6.48	7.86
官地子系统	1860	1847	1872	1875	−0.69	0.64	0.82
二滩子系统	2001	2253	2229	2333	12.63	11.40	16.61
互补系统	6321	6645	6720	6862	5.13	6.32	8.56

图 3.11 为不同调度图下各子系统及互补系统水风光出力变化情况。调度图Ⅰ、调度图Ⅱ和调度图Ⅲ均使得汛期末（10—11 月）的出力增幅明显，例如 10 月，锦一子系统和二滩子系统的平均出力相对于常规调度图分别增加约 30%和 79%。由于本书中风光优先接入，因此子系统出力变化主要来源于水电出力，与调度图相对应，在汛期末，常规调度图为了充分保证未来枯水期的可用水量，即使水库水位达到正常蓄水位，在该时段锦一水电站和二滩水电站决策仍为降低出力。而调度图Ⅰ、调度图Ⅱ和调度图Ⅲ则会根据水库水位状态和风光出力情况而增加出力，从而减少弃水。常规调度图下汛期末的锦一水库和二滩水库的弃水为 355m^3/s 和 785m^3/s，调度图Ⅰ、调度图Ⅱ和调度图Ⅲ的汛期末锦一水库和二滩水库的弃水范围为 90～150m^3/s 和 90～215m^3/s。在主汛期（8—9

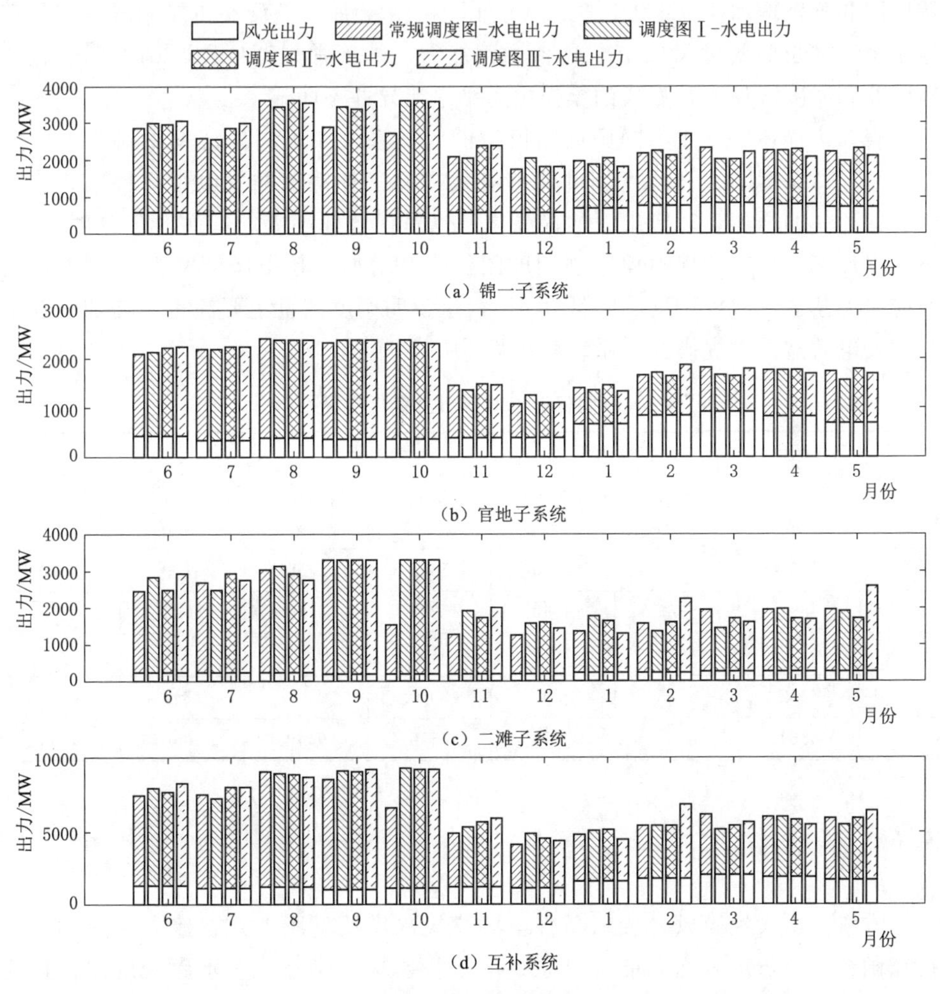

图 3.11　不同调度图下各子系统及互补系统水风光出力变化情况

月)，调度图Ⅰ、调度图Ⅱ和调度图Ⅲ的模拟结果较为接近，由于主汛期入库径流大，加之风光出力的接入使得互补系统的水风光联合出力基本上保持较高的水平。汛期互补系统接入的平均风光出力为 1175MW，由于汛期水库水位已经处在较高的水平，水库的调蓄空间有限，风光出力挤占了原有的水电输送通道，造成部分水电弃电（约 369MW），风光实际对汛期补偿的平均出力为 806MW。

对于枯水期（11 月至次年 5 月），风光出力对互补系统的电量补偿效益明显，接入的平均风光出力为 1717MW，占枯水期平均出力的 32%。由于入库径流较小，除二滩水库常规调度图下会产生少量弃水（$28m^3/s$）外，在优化调度图指导下，各子系统枯水期均无弃水产生，水库能够较好的发挥其调节作用。对于能够利用径流预报信息的调度图Ⅲ，其在枯水期的发电效益比调度图Ⅰ和调度图Ⅱ分别增加 4.9%和 3.3%。另外，相比较锦一子系统和二滩子系统，官地子系统在长期调度尺度上不具备调蓄能力，基于常规调度图、调度图Ⅰ、调度图Ⅱ和调度图Ⅲ四种方式的模拟出力结果差异并不明显。

表 3.7 描述了基于不同调度图模拟的互补系统在不同保证率下对应出力的变化情况。调度图Ⅰ和调度图Ⅱ能够有效提高互补系统的发电可靠性，总体上随着保证率的增加，对应出力的提高比例也呈现增加趋势。然而对于调度图Ⅲ，不同保证率下对应的出力比常规调度图仅略有增加，其中保证率为 85%时，其对应出力甚至比常规调度图降低 0.6%，这说明调度图Ⅲ主要注重于增加互补系统的发电效益，对提高互补系统的可靠性并不明显。

表 3.7　不同保证率对应出力变化情况

保证率/%	常规调度图	调度图Ⅰ		调度图Ⅱ		调度图Ⅲ	
	出力/MW	出力/MW	增加比例/%	出力/MW	增加比例/%	出力/MW	增加比例/%
75	5069	5104	0.70	5365	5.80	5209	2.70
80	4801	5069	5.60	5237	9.10	5004	4.20
85	4652	4988	7.20	5121	10.10	4624	−0.60
90	4532	4935	8.90	5000	10.30	4642	2.40
95	4164	4561	9.50	4556	9.40	4350	4.50

3.6 本章小结

本章提出大规模风光接入条件下的梯级水库调度图形式，建立长短期水电折算函数。分析水风光多能互补系统的运行要求，建立梯级水库调度图优化模型，研究模型求解方法，模拟互补系统的调度过程，评估不同形式调度图的效果，主要研究成果和结论包括：

（1）在常规调度图的基础上，以水风光联合出力作为调度区决策，分别提出了考虑风光出力预报的单判别因子预报调度图，与考虑风光出力及径流预报的双判别因子预报调度图。双判别因子预报调度图中将水库水位与入库径流转化成水库蓄水量进行调度区间的确定。

（2）建立长短期水电折算函数，用于在调度图调度中考虑因长期尺度坦化作用而忽略的水电损失。长短期水电折算系数与水电出力及风光联合出力呈负相关，汛期系数低于枯水期。

（3）以水风光多能互补系统发电效益最大为目标建立调度图优化模型，并采用 SA 与 SCSAHE 法嵌套的双层求解方法进行求解。调度图优化使得调度线下移，加大出力区范围增加，使得水电在汛期末也可以根据风光出力和径流形势继续保持较高出力运行。

（4）风光出力对互补系统枯水期的电量补偿效益明显，枯水期接入风光出力为 1717MW，汛期由于风光出力会挤占原水电的输送通道，其补偿出力较小，为 806MW。

（5）相比风光出力预报，径流预报能够更有效的提高互补系统中长期调度的电量效益；对比常规优化调度图，单判别因子预报调度图和双判别因子预报调度图分别使互补系统出力增加 1.19%和 3.43%。

本章主要创新点：以水风光联合出力作为调度区决策，将水库水位与入库径流转化成水库蓄水量，提出了结合风光出力和径流预报信息的调度图形式；建立了梯级水库调度图优化模型，提出了大规模风光接入下梯级水库长期控制运用规则，有效提高了水风光多能互补系统的发电效益。

第4章　预报信息驱动的水风光多能互补两阶段决策

在多能互补系统长期调度中，不仅要对面临时刻的水风光出力进行预测，还要考虑未来更长时间多种能源出力变化趋势，但当前可靠的预见期通常短于系统的调度期，属于不完全状态信息的情况。为此，本章将互补系统多阶段决策转化为包含面临时段和余留期的两阶段决策，用以减轻较低可靠性的预报信息对决策制定的影响。在此基础上，提出预报数据驱动的水风光多能互补系统两阶段决策模型，能够结合有限的预报信息，实现系统长期优化调度决策生成和滚动更新。

4.1　概述

对于包含随机变量的优化模型，要求在随机变量还未实现的情况下，做出可以最大化目标函数的决策[170]。这种优化问题可分为两个阶段：随机变量ξ实现前为第一阶段，实现后为第二阶段。第一阶段制定初始决策x，获得本阶段效益$f(x,\xi)$；随机变量ξ实现后的第二阶段采取策略y_{ξ}以增加额外效益$Q(x,y_{\xi},\xi)$。两阶段决策模型为

$$\max\{f(x,\xi)+Q(x,y_{\xi},\xi)\} \tag{4.1}$$

对于水风光多能互补系统，第一阶段为面临时段（t时段），第二阶段为余留期（t时段末至调度期末），可建立预报信息驱动的水风光多能互补系统的两阶段决策模型，兼顾面临时段的效益和面临时段决策对应的余留期效益（远期效益），以实现全景效益最优化。其中，随机变量为t时段的风电出力、光伏出力和入库径流，决策为t时段水库末水位（或库容），面临时段效益为t时段的发电量，余留期效益在实施决策后由余留库容和余留期风光出力及径流形势共同决定。

为有效结合预报信息，提出余留期能量曲面定量表征余留期效益，不同的余留期能量曲面表示未来不同的风光出力及径流形势。模型根据面临时段的蓄水状态和未来的预报风光出力及径流信息，确定余留期能量曲面，不断滚动向

前做出最优决策。

预报信息驱动的水风光多能互补系统两阶段决策模型包括两个部分——余留期能量曲面簇求解与基于余留期能量曲面的两阶段决策。

（1）余留期能量曲面簇求解。以历史风电出力、光伏出力和径流序列为输入，以最大化发电效益为目标，建立确定性水风光多能互补长期优化调度模型，求解得到各时段的余留期能量曲面簇。

（2）基于余留期能量曲面的两阶段决策。根据预报的风电出力、光伏出力和径流预报信息，从余留期能量曲面簇中，确定当前时段末的余留期能量曲面。以最大化由面临时段效益和余留期效益组成的全景效益为目标，不断滚动向前做出最优决策。预报信息驱动的水风光多能互补系统两阶段决策流程如图 4.1 所示。

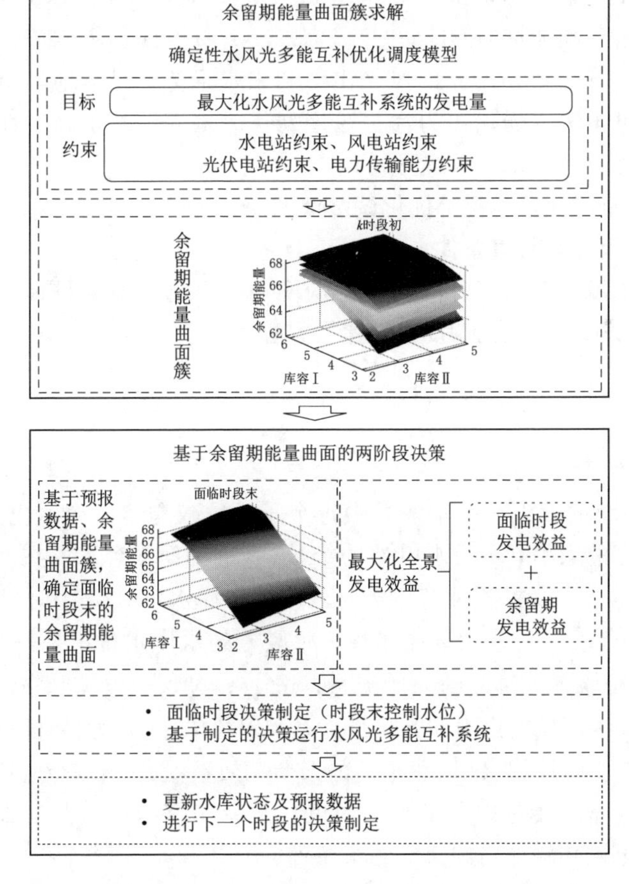

图 4.1　预报数据驱动的水风光多能互补系统两阶段决策流程

4.2　余留期能量曲面簇求解

对于水风光多能互补系统的长期调度决策的制定，为了同时考虑面临时段和整个调度期剩余时段（余留期）的风、光、水资源形势及发电效益，本节基于历史风电出力、光伏出力和径流变化规律，提出余留期能量曲面，用以表征梯级水库不同蓄水状态在余留期不同风光出力及入库径流条件下所能够产生的发电效益。即余留期能量除了与面临时段末梯级水库余留水量所决定的水头信息有关，还有与余留期的风电出力、光伏出力和来水形势有关，余留期能量可表示为

$$C_{t+1}(s_{t+1},\{Q_\tau,Nw_\tau,Ns_\tau|\tau=t+1,t+2,\cdots,T\}) \tag{4.2}$$

式中：C_{t+1} 为 t 时段末的余留期能量函数；s_{t+1} 为 t 时段末的梯级水库库容，代表余留库容对余留期能量的影响；$\{Q_\tau,Nw_\tau,Ns_\tau|\tau=t+1,t+2,\cdots,T\}$ 为 $t+1$ 时段到调度期末（余留期的）的风光出力和来水形势。具体地，余留期能量曲面簇以历史风电出力、光伏出力和径流序列作为输入，基于确定性水风光多能互补系统长期优化调度模型求解得到。

4.2.1　确定性水风光多能互补优化调度模型

4.2.1.1　目标函数与约束条件

以最大化水风光多能互补系统整个调度期的发电效益为目标，确定性水风光多能互补系统中长期优化调度模型递推方程为

$$\begin{cases}F_t(s_t)=\max\left[\sum_{i=1}^{n}B_t(s_{i,t},I_{i,t},s_{i,t+1},Nw_{i,t},Ns_{i,t})\Delta t+F_{t+1}(s_{t+1})\right]\\F_{t+1}(s_{t+1})=0\end{cases} \tag{4.3}$$

式中：i 为子系统的索引，由于本书中每个子系统仅包含一个水电站，因此，i 也是水电站水库的索引；n 为水电站的个数；$s_{i,t}$ 为第 i 个水库在 t 时段初的水库水位，m；$s_{i,t+1}$ 是第 i 个水库在 t 时段末的水库水位（$t+1$ 时段初），$s_{t+1}=(s_{1,t+1},s_{2,t+1},\cdots,s_{n,t+1})$ 表示 n 个水库 t 时段末的水库水位，是一个 n 维向量，m；$I_{i,t}$ 为第 i 个水库 t 时段的入库流量，m^3/s；$Nw_{i,t}$、$Ns_{i,t}$ 分别为 t 时段接入到第 i 个子系统的风电出力和光伏出力，MW；$B_t(\cdot)$ 为 t 时段的即时效益；$F_{t+1}(\cdot)$ 为 $t+1$ 时段初（t 时段末）的余留期效益；Δt 为每个时段长度，h。

同样的，模型需要考虑水量平衡约束、水库库容约束、发电流量约束、电站出力约束、电网传输能力约束等约束条件。

4.2.1.2　离线动态规划求解方法

动态规划作为一种全局搜索法，可以把水风光多能互补系统调度问题转化

成一系列结构相似且相对简单的子问题，再对所有子问题进行组合遍历寻优，其最大的优点在于可求出给定离散程度下的全局最优解[171]。然而，随着状态变量离散点数及电站个数的增加，算法的计算量也呈指数增加。对此，许多学者提出了动态规划的改进算法，如逐步最优化法、动态规划逐次逼近法等[172]。这些改进算法虽能一定程度提高计算效率，但也会使得求解结果未能达到全局最优解。纪昌明等[173] 针对水库调度问题引入泛函分析思想，提出了时段出力的泛函计算模型，有效提高了模型的求解精度和效率。本节在传动态规划基础上增加阶段效益的离线计算部分，对水风光多能互补系统调度动态规划模型进行求解。首先对各级水电站不同入库径流下的阶段效益进行求解，得到不同径流状态、不同库容组合下的阶段效益。然后在动态规划递推过程中调用离线阶段效益值进行计算，能够在保证算法全局最优性的前提下提高算法求解效率。

运用传统的动态规划算法进行梯级水库优化调度时，首先要将水库库容进行离散，自最后一个时段向前逐时段进行水电站出力计算，计算各个离散点所对应的余留期效益，最后顺推得到整个调度期的最优调度过程。以含有两个水库的梯级水库为例，假设上游水库有 M_1 个离散点，下游水库有 M_2 个离散点，每一个时段的效益需要经过 $M_1^2+M_1^2M_2^2$ 次计算，如图 4.2 所示。

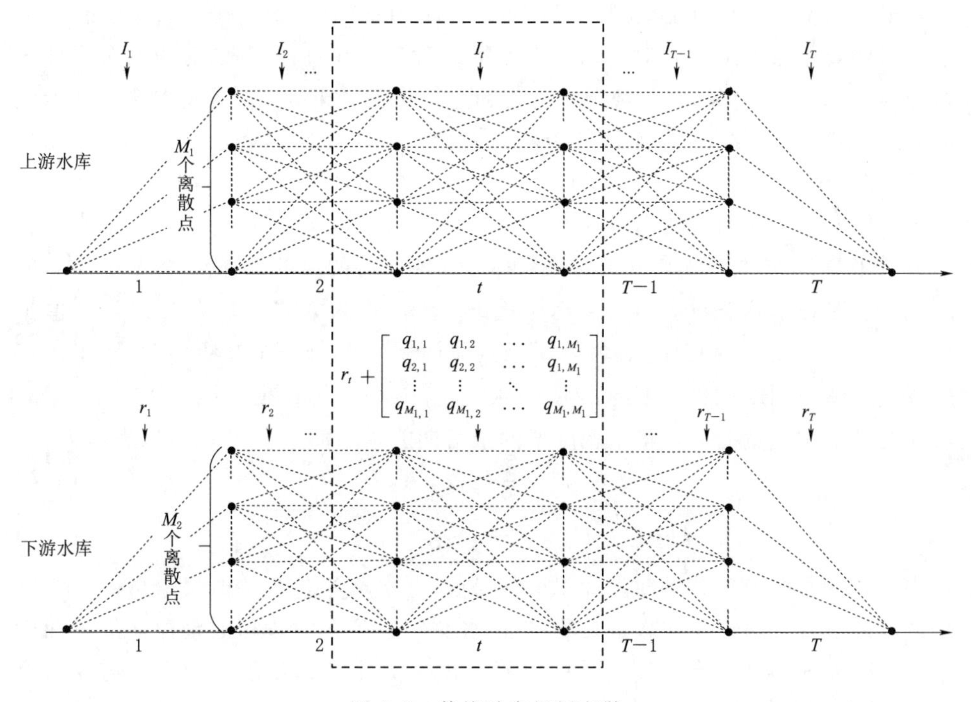

图 4.2 传统动态规划离散

图4.2中，I_t 为 t 时段上游水库的入库流量；r_t 为 t 时段上游水库至下游水库的区间入库流量；$q_{a,b}$ 表示当上游水库在 t 时段初处于第 a 个离散状态、在 t 时段末处于第 b 个离散状态时水库的下泄流量。对于时段 t，要得到上游水库时段初末不同水位组合下的效益，需要进行 M_1^2 次计算，对应的下泄流量为 $M_1\times M_1$ 的矩阵。对于下游水库，其入库流量为区间流量与上游水库下泄流量之和，同样为 $M_1\times M_1$ 的矩阵，因此，下游水库不同来水和初末库容组合下的计算次数为 $M_1^2\times M_2^2$，要得到梯级水库各个状态组合下的阶段效益需要计算 $M_1^2+M_1^2\times M_2^2$ 次。

对于不同计算时段，水库的离散状态基本一致，区别在于水库的入库径流。通过对入库径流的进行离散，计算出不同入库径流条件下，时段初末库容所有组合下的阶段效益以及下泄流量，离线存储在计算机外存中。进行水库调度时，只需要根据水库入库径流大小插值即可得到研究时段所有初末库容组合的效益。对于上述梯级水电站，所有库容组合下的阶段效益计算次数为 M_1^2 次，有效减少了计算量。

4.2.2　余留期能量曲面簇

电站在实际调度中通常以水文年作为调度周期，将长序列的各个时段的余留期能量曲面整合到一个水文年中，可得到水文年中各时段的余留期能量曲面簇。根据确定性优化调度模型式（4.3）可知，在 t 时段初，梯级水库状态为 s_t 时余留期效益为 $F_t(s_t)$，对于梯级水库所有离散状态组合 S_t 的对应的余留期效益记为 $F_t(S_t)$，$F_t(S_t)$ 为离散数据，通过插值拟合得到 t 时段初的余留期能量曲面，用符号 c_t 表示，则水库任意状态的余留期能量可以表示为 $c_t(s_t)$。在整个调度期各个时段的余留期能量曲面可以表示为集合 F，如式（4.4）所示。具体地，以两个水库组成的梯级水库为例进行说明：水库个数 $n=2$，每个水库状态离散个数为 M_1 和 M_2，在 t 时刻初梯级水库所有的离散状态 S_t 为 $M_1\times M_2$ 的矩阵；此时各个状态对应的余留期能量 $F_t(S_t)$ 也为 $M_1\times M_2$ 的矩阵，插值拟合可得到一个 $n+1$ 维空间的余留期能量曲面 c_t。若每一水文年包含 K 个研究时段，则整个调度期包含 $Y=T/K$ 个水文年。令 c_k^y 表示第 y 个水文年的第 k 时段初的余留期能量曲面，整个调度期的余留期能量曲面集合 F 也可以表示为

$$F=\{c_t\,|\,t\in(1,2,\cdots,T)\}\tag{4.4}$$

$$F=\bigcup_{k=1}^{K}C_k\,,\;C_k=\{c_k^y\mid y\in(1,2,\cdots,Y)\}\tag{4.5}$$

式中：T 为整个调度期的时段个数；K 为一个水文年包含的时段个数；Y 为整个调度期包含的水文年的数量；C_k 为在水文年中第 k 时段初的余留期能量曲面集合，即 k 时段初的余留期能量曲面簇，包含 Y 个余留期能量曲面。需要注意的是，t 为时段在整个调度期中的位置索引，k 为时段在一个水文年周期的位置

索引。

由于在求解过程中，余留期能量会随着时间段不断累积。第 k 时段的余留期曲面因为所在水文年的不同，数值会存在数量级上差异。为了消除数据数量级上的影响，将每个水文年枯水期末的余留期能量减去上一个水文年枯水期末的最小值。

4.3 基于余留期能量曲面的两阶段决策

4.3.1 余留期能量曲面泛函确定

在进行水风光多能互补系统的长期调度过程中，需要根据面临时段末所在水文年中的位置确定对应的余留期能量曲面簇，然后基于预报数据确定面临时段末的余留期能量曲面。对于某一时刻的余留期能量曲面簇，其中不同曲面对应着未来不同的水风光能量输入形势，可通过设置特征变量（水风光能量输入累计值、水风光能量输入序列、径流序列等）来刻画未来的能量输入形势，本节以余留期能量曲面其后紧邻时段的水风光能量输入近似表征未来能量输入，并建立与余留期能量曲面之间的响应关系。

由于泛函分析具有高度抽象性及概括性，能够实现空间到空间的映射，本节引入泛函分析的思想建立面临时段末的余留期能量曲面泛函求解模型，基于映射原理建立风光出力及径流预报数据与余留期能量曲面之间的响应关系，用于确定长期调度中面临时段末的余留期能量曲面。映射是泛函分析中最基础的概念之一，其定义为设 X、Y 是两个非空集合，对 X 中每一个元素 x，如果存在一种对应关系（或法则），有 Y 中的一个元素 y 与之对应，则称给出了一个从 X 到 Y 的映射 f，记作 f：$X\rightarrow Y$，x 与 y 的关系为 $y=f(x)$，X 称为 f 的定义域，Y 称为 f 的值域。

在余留期能量曲面泛函求解模型中，对于时段 t，假设其在水文年中的位置索引为 k，设置泛函映射关系的值域为 k 时段初对应的余留期能量曲面簇，定义域为 k 时段的能量输入（包括风电、光电及水电站的不蓄电能，不蓄电能是水电站直接将入库径流下泄发电产生的电量），与值域的余留期能量曲面一一对应。建立该时段能量输入与余留期能量曲面簇的泛函映射关系 M，如式（4.6）所示。由于径流、风光出力的季节性变化，因此在一年中不同时段具有不同的泛函映射关系。

$$M:E_k\rightarrow C_k \tag{4.6}$$

$$E_k=\{e_k^y\mid y\in(1,2,\cdots,Y)\} \tag{4.7}$$

$$e_k^y=\sum_{i=1}^{n}(Nh_{i,k}^y+Nw_{i,k}^y+Ns_{i,k}^y)\Delta t,\ y\in(1,2,\cdots,Y) \tag{4.8}$$

式中：e_k^y 为第 y 个水文年在第 k 个时段输入到该互补系统的能量；$Nh_{i,k}^y$ 为第 i 个子系统的水电站在第 y 个水文年中第 k 时段的入库径流对应出力（即以 k 时段入库径流作为水库下泄流量，通过水能计算得到的水电出力，反映水电站的不蓄电能）；$Nw_{i,k}^y$ 和 $Ns_{i,k}^y$ 分别为第 i 个子系统在第 y 个水文年中第 k 时段接入的风电出力和光伏出力。

在长期调度决策中，对于任意 t 时段初的余留期能量曲面 c_t^*，可基于水文年中对应时段 k 的泛函映射关系，由式（4.9）～式（4.12）求得。

$$k=\begin{cases} t \bmod K, & t \bmod K \neq 0 \\ K, & t \bmod K = 0 \end{cases} \tag{4.9}$$

$$e_t^f=\sum_{i=1}^{n}(Nh_{i,t}^f+Nw_{i,t}^f+Ns_{i,t}^f)\Delta t \tag{4.10}$$

$$y_0=\operatorname{argmax}\{|e_t^f-e_k^y|, y=1,2,\cdots,Y\} \tag{4.11}$$

$$c_t^*=c_k^{y0}=M(e_k^{y0}) \tag{4.12}$$

式中：mod 表示取余运算；k 表示时段 t 在水文年中位置索引；e_t^f 为 t 时段（在水文年中位于第 k 个时段）输入到多能互补系统的能量预报值；$Nh_{i,t}^f$、$Nw_{i,t}^f$ 和 $Ns_{i,t}^f$，分别为第 i 个子系统在 t 时段的预报入库径流对应的水电出力、预报风电出力和预报光伏出力。在定义域 E_k［式（4.7）］中寻找最接近 e_t^f 的元素 e_k^{y0}，y_0 为定义域中的元素，那么 t 时段初的余留期能量曲面 c_t^* 为 e_k^{y0} 所对应的曲面 c_k^{y0}。

4.3.2　水风光多能互补两阶段决策

对于水风光多能互补系统的长期调度，获得各个阶段的余留期能量曲面后，可以使原多阶段序贯决策问题简化为两阶段决策问题。以面临时段效益和余留期效益组成的全景效益（发电量）最大化为目标，建立基于余留期能量曲面的水风光系统长期调度模型。

$$D_t^*=\operatorname{argmax}\left\{\sum_{i=1}^{n}B_t(s_{i,t},\tilde{I}_{i,t}^t,s_{i,t+1},\tilde{N}w_{i,t}^t,\tilde{N}s_{i,t}^t)\Delta t+c_{t+1}^*(s_{t+1})\right\} \tag{4.13}$$

式中：D_t^* 为 t 时段的各个水库决策变量的向量；$\tilde{I}_{i,t}^t$ 为第 i 个子系统在 t 时段初获得的对于 t 时段的预报入库流量，下标 t 为预报时刻（t 时段初），上标 t 为预报数据对应的时段；$\tilde{N}w_{i,t}^t$、$\tilde{N}s_{i,t}^t$ 分别为第 i 个子系统时段 t 的预报风电出力和预报光伏出力；c_{t+1}^* 为 $t+1$ 时段初（t 时段末）的余留期能量曲面，根据 $t+1$ 时段的各子系统的预报风电出力 $\tilde{N}w_{i,t}^{t+1}$、预报光伏出力 $\tilde{N}s_{i,t}^{t+1}$ 和预报径流 $\tilde{I}_{i,t}^{t+1}$，基于 4.3.1 节的余留期能量曲面泛函求解模型确定，若缺少 $t+1$ 时段的预报数据，c_{t+1}^* 可采用 $t+1$ 时段初对应余留期能量曲面簇的均值。

执行梯级调度决策 D_t^*，根据 t 时段实际的风光出力和径流得到该时段的实

际水电出力以及 t 时段末（$t+1$ 时段初）梯级水库的实际状态 s_{t+1}^r（上标 r 表示实际水库状态），面临时段 t 的决策过程结束。以 s_{t+1}^r 作为梯级水库的初始状态，更新资源预报信息，进入下一个时段优化调度决策，如图 4.3 所示。

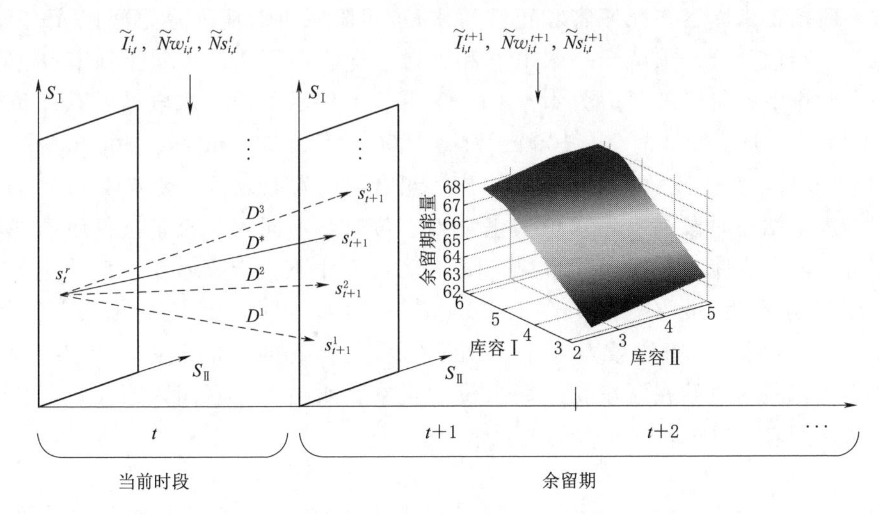

图 4.3 基于余留期能量曲面的两阶段决策

4.4 实例分析

以雅砻江下游水风光多能互补系统为研究实例，以月为研究时段，基于确定性水风光多能互补调度模型，获得不同月份的余留期能量曲面簇，并建立基于预报信息驱动的两阶段决策模型，指导水风光多能互补系统长期调度计划滚动修正。两阶段决策模型作为一种长期调度方式，与调度图类似，将长短期折算函数纳入其中，用以考虑因长期尺度坦化风光出力波动性而忽略的水电损失。

研究数据包括 1968 年 6 月至 2018 年 5 月锦一子系统、官地子系统和二滩子系统的月尺度风电出力及光伏出力序列；1968 年 6 月至 2018 年 5 月年锦一水库、锦-官区间和官-二区间的月尺度径流序列；2013 年 6 月至 2018 年 5 月组合模型预报的各子系统风电出力、光伏出力和径流。将数据划分为训练集（1968 年 6 月至 2013 年 5 月）和检验集（2013 年 6 月至 2018 年 5 月），训练集用于求解余留期能量曲面簇，检验集用于检验预报数据驱动的两阶段决策模型的应用效果。

4.4.1 余留期能量曲面簇求解

4.4.1.1 离线阶段效益

锦一水库和二滩水库的历史月平均最大入库流量分别为 5480m³/s 和

7070m³/s。对锦一水库，在［0m³/s，5500m³/s］流量区间以50m³/s进行离散，时段初末库容在死库容和正常蓄水位/汛限水位对应库容之间以81个离散点进行离散；对于二滩水库，在［0m³/s，7100m³/s］流量区间以50m³/s进行离散，时段初末库容在死库容和正常蓄水位/汛限水位对应库容之间以46个离散点进行离散；分别求解锦一水电站和二滩水电在不同入库流量下所有初末库容组合状态下的阶段效益。图4.4（a）由下至上展示了锦一水电站在入库流量分别为0m³/s、500m³/s、1000m³/s、1500m³/s、2000m³/s、3000m³/s和4000m³/s时，其阶段效益在不同初末库容组合下的发电效益，图4.4（b）则表示锦一水电站在时段初水库水位为正常蓄水位时，不同入库流量条件下阶段效益随着时段末水库水位的变化情况。图4.5（a）由下至上展示了二滩水电站在入库流量分别为0m³/s、500m³/s、1000m³/s、1500m³/s、2000m³/s、2500m³/s和3500m³/s时，其阶段效益在不同初末库容组合下的发电效益，以及图4.5（b）表示二滩水电站在时段初水库水位为正常蓄水位时，不同入库流量条件下阶段效益随着时段末水库水位的变化情况。

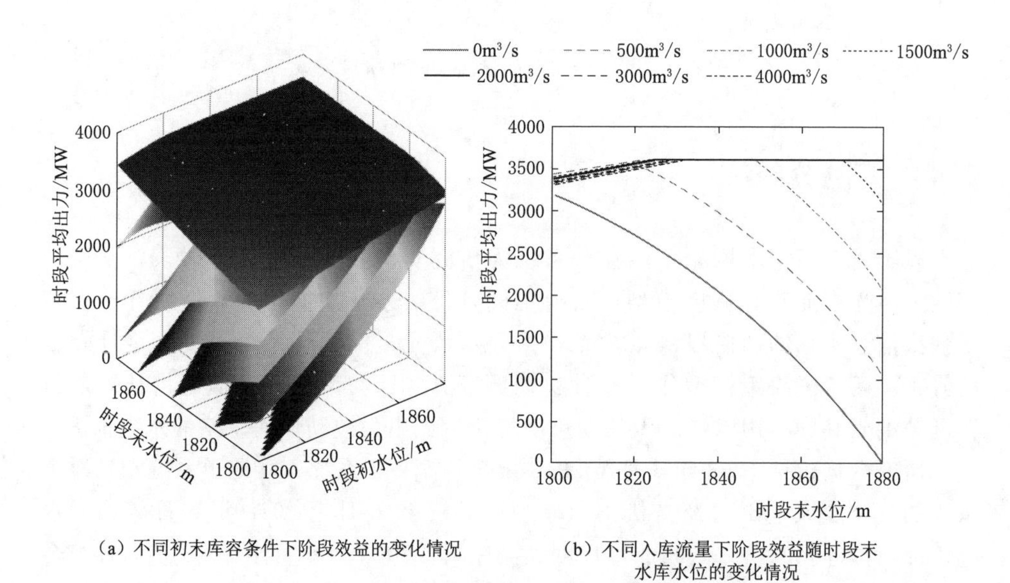

（a）不同初末库容条件下阶段效益的变化情况

（b）不同入库流量下阶段效益随时段末水库水位的变化情况

图4.4 锦一水库不同入库流量下的阶段效益

如图4.4（a）和图4.5（a）所示，总体上阶段效益随着时段初水位的增加而增加，随着时段末的水位增加而减小。随着入库的流量的增加，阶段效益增加，曲面位置上升，当入库流量达到一定水平时，由于水电站过机流量的限制，曲面位置不在继续上升。当锦一和二滩的入库流量分别超过兴利库容对应的流量时（3887m³/s和3490m³/s），水电站在任意初末水位组合下都将产生弃水。

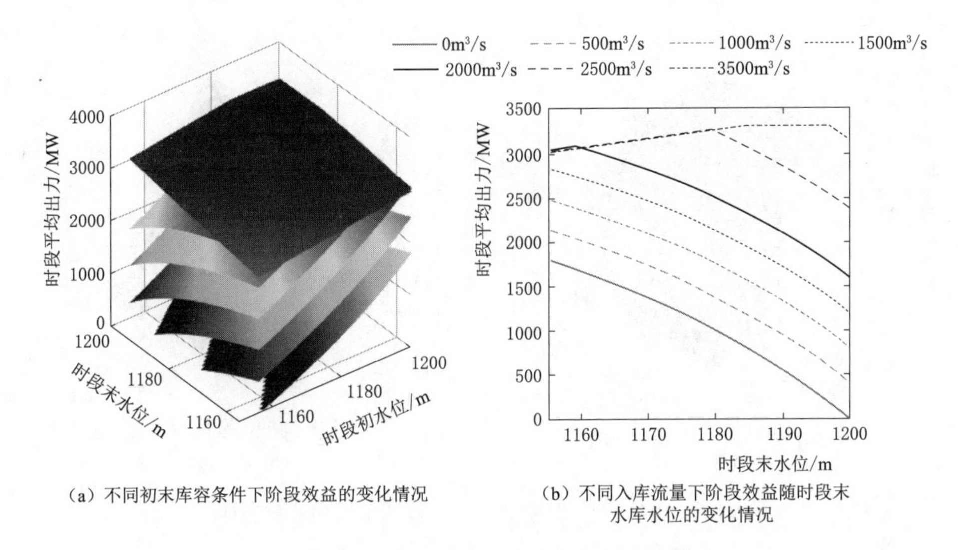

(a) 不同初末库容条件下阶段效益的变化情况

(b) 不同入库流量下阶段效益随时段末水库水位的变化情况

图 4.5 二滩水库不同入库流量下的阶段效益

进一步固定时段初水位为正常蓄水位，分析时段效益随入库流量和时段末水位的变化情况，如图 4.4 (b) 和图 4.5 (b) 所示，当入库径流较小时，阶段效益随着水库时段末水位的增加而减小，因为时段末水位较低，该时段的用于发电的流量较大，因此出力较大；随着入库径流的增加，会呈现阶段效益随时段末水位增加而提高的情况，由于入库径流较大，保持水库库容有利于利用较高的水库水位进行发电。进一步增加入库径流，由于超过水电站的过机流量，泄水增加，下游水位增加，发电水头降低，导致阶段效益降低。

4.4.1.2 余留期能量曲面簇

利用训练集的径流、风电出力和光伏出力数据建立确定性优化模型来求解各月份的余留期能量曲面簇。锦一水库和二滩水库库容分别离散为 81 个点和 46 个点，获取每个离散点对应的余留期效益，通过拟合得到每个月月初的余留期能量曲面，由于采用了 45 个水文年的数据进行余留期能量曲面簇的求解，因此每个月初包含 45 个余留期能量曲面，对应着未来不同的风电出力、光伏出力和径流输入形势。图 4.6 为汛期 6 月初和枯水期 12 月初在 1976 年、1986 年和 2008 年的余留期能量曲面。各个月份对应的余留期能量曲面簇如图 4.7 所示。

如图 4.6 所示，余留期能量随水库库容呈现单调递增的特点。水库库容增加代表着余留水量的增加，可以增加余留期的发电流量和水头，进而增加余留期效益。由于余留期能量曲面受到未来时段能量（包括风能、太阳能和水能）输入的影响，因此，相同月份由于所处的水文年份的水风光能资源形势的不同而使得余留期能量曲面不同。另外，汛期 6 月初不同水文年的余留期能量曲面之间差异明显，枯水期 12 月初的余留期能量曲面相对集中，主要原因是汛期水

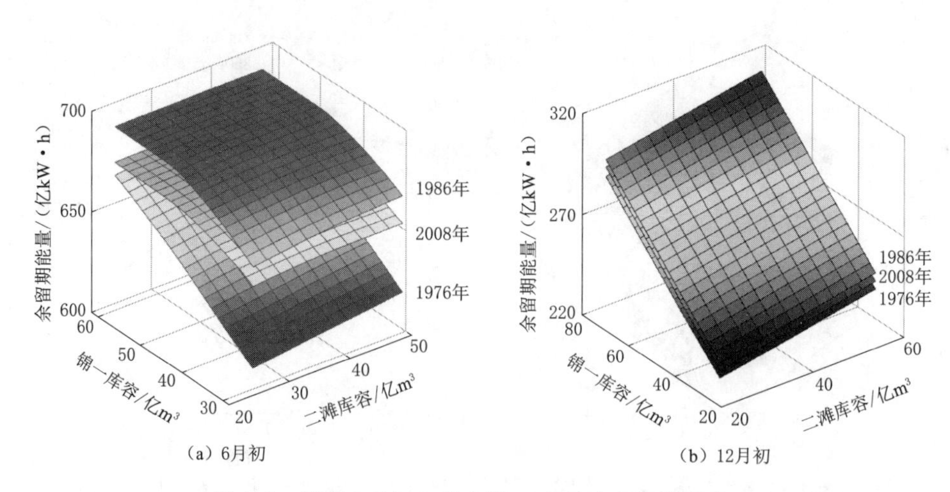

(a) 6月初

(b) 12月初

图 4.6 汛期6月初和枯水期12月初余留期能量曲面

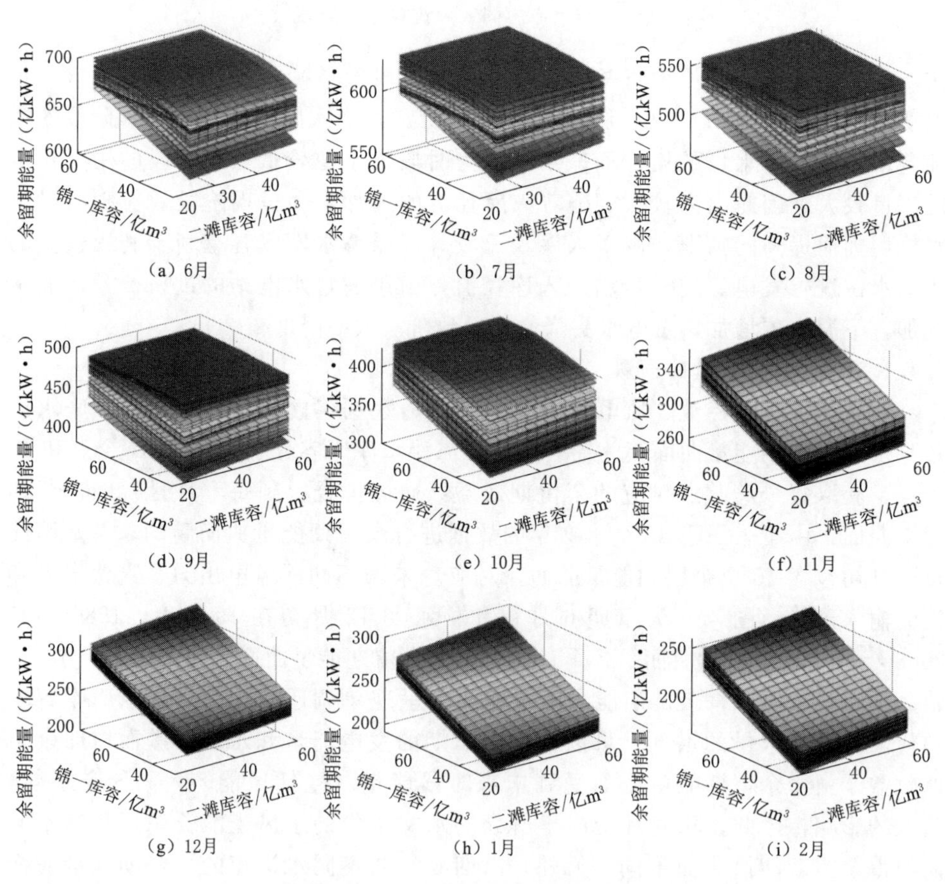

(a) 6月 (b) 7月 (c) 8月

(d) 9月 (e) 10月 (f) 11月

(g) 12月 (h) 1月 (i) 2月

图 4.7 (一) 余留期能量曲面簇

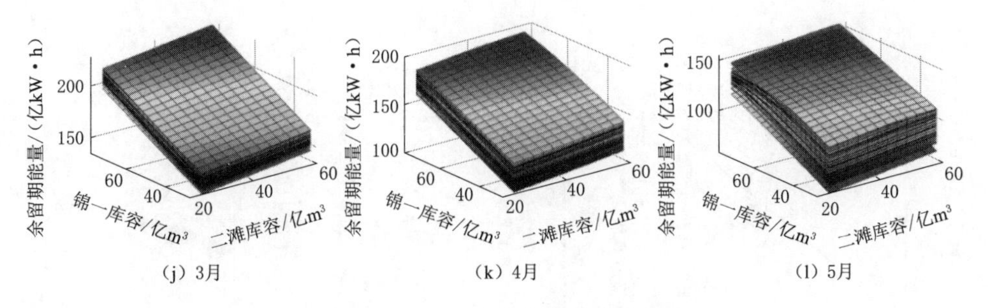

图 4.7（二） 余留期能量曲面簇

库的入库流量较大以及变动范围较大，而枯水期入库径流较小且相对稳定，不同水文年间的差距较小。随着调度时段由汛期到枯水期过渡，余留期能量曲面逐渐从凸曲面向线性平面过渡。为了直观地表示余留期效益随水库库容和未来能量输入的变化形势，图 4.8 和图 4.9 为在汛期 6 月初和枯水期 12 月初，固定二滩库容和当月能量输入，余留期效益随锦一库容变化情况；固定锦一库容和当月能量输入，余留期效益随二滩库容变化情况，以及余留期曲面平均值随当月能量输入变化情况。

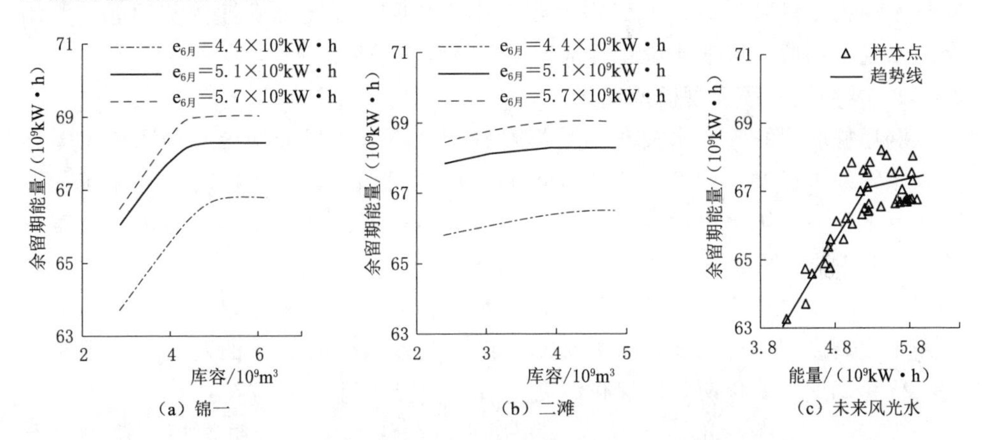

图 4.8 6 月初余留期能量随锦一库容、二滩库容和未来能量输入的变化情况

（e_{Jun} 为 6 月水风光能输入）

由图 4.8 可知，汛期 6 月初余留期效益随水库库容和 6 月能量输入呈递增趋势，但是递增速度逐渐减缓至 0。这种现象主要是由于水电站装机容量约束、系统外送通道能力约束和水库库容约束造成的。汛期来水量大，而水电站的装机容量有限，当余留库容较高而余留期来水又较大时，可能导致余留期弃水，降低了单位水量的价值；同时，水库汛期需要满足汛限水位要求，余留库容太大也可能增加余留期的弃水量，降低余留水量的边际价值。另外，输入系统的能量超过外送通道的能力，余留期能量也不再随之增加，如图 4.8（c）所示。图

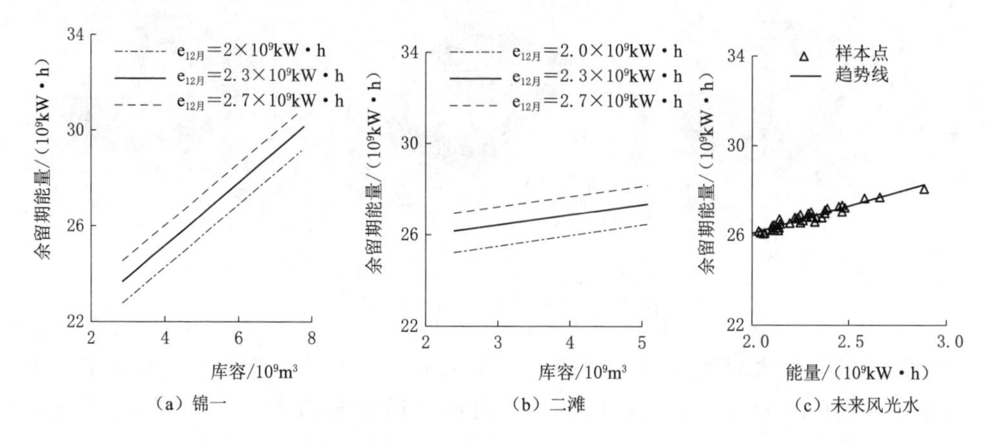

（a）锦一　（b）二滩　（c）未来风光水

图 4.9　12 月初余留期能量随锦一库容、二滩库容和未来能量输入的变化情况

（e_{Dec} 为 12 月水风光能输入）

4.9 显示枯期 12 月初余留期能量随库容和 12 月能量输入呈线性单调递增趋势，这是因为枯水期水库的入库流量较小，尽管风光出力在枯水期较大，但是其相对于水库蓄水量可发电量而言占比重较小，水库可以充分发挥调蓄功能，利用余留水量，因此余留期能量随着水库库容呈线性增加。

4.4.2　两阶段决策模型模拟结果

利用检验集共 5 个水文年的数据对雅砻江下游水风光多能互补系统（简称互补系统）进行调度模拟。由于风电和光电不可储存，因此，对互补系统的调度实际上是对梯级水电站的调度。根据国家清洁能源发展及四川省电力调度相关政策和要求，实例研究中风电出力和光伏出力优先接入，当系统达到输电能力时先消减水电出力。具体地，在梯级水电站有无接入风光出力的情况下分别采用常规调度图进行调度（简称常规调度）和预报信息驱动的两阶段决策模型进行优化调度（简称两阶段优化调度），总共包含以下 4 个方案。

方案 1（CON－h）：不接入风光出力，梯级水电站按照常规调度图进行调度。

方案 2（CON）：接入风光出力，梯级电站按照常规调度图运行，当时段水风光联合出力大于通道的电力输送能力时，先弃水电出力。

方案 3（OPT－h）：不接入风光出力，梯级水电站按照两阶段决策模型进行调度。在当前决策阶段，基于径流预报数据计算输入到系统的水能，然后选取适当的余留期能量曲面，计算梯级水电站水库优化调度策略。

方案 4（OPT）：接入风光出力，梯级水电站按照两阶段决策模型调度运行。基于入库径流、风电出力和光伏出力的预报信息计算输入互补系统的水风光能量，然后选取面临时段末的余留期能量曲面，进行梯级水电站水库的决策制定。

4.4.2.1 发电效益分析

梯级水电站在接入风光出力和不接入风光出力的情况下分别采用常规调度图和两阶段决策模型进行调度的发电效益见表4.1。显然，梯级水电站接入风光出力形成互补系统后，其总出力比单独运行梯级电站出力有明显的提高。

表4.1 基于常规调度图和两阶段模型的各电站发电效益情况 单位：MW

方案		CON-h	CON	OPT-h	OPT
系统总出力		5088	6351	5755	7034
水电出力	锦一	1896	1825	2153	2073
	官地	1366	1304	1399	1354
	二滩	1826	1775	2202	2161
水电消减出力	锦一	—	71	—	68
	官地	—	62	—	58
	二滩	—	50	—	41
风电出力	锦一	—	290	—	290
	官地	—	449	—	449
	二滩	—	45	—	45
光伏出力	锦一	—	346	—	346
	官地	—	107	—	107
	二滩	—	210	—	210

在梯级电站接入风光出力的情况下，相比较常规调度（方案2，CON），互补系统在两阶段优化调度下（方案4，OPT）发电效益提高10.7%。其中，锦一子系统两阶段优化调度的平均出力为2708MW，比常规提高10.1%，官地子系统提高了2.3%，二滩子系统提高较为明显，为19.0%。由于互补系统优先将风光出力输送至电网，两阶段优化调度和常规调度下风光出力接入到电网的出力是相同的。对于水电站，风光出力的接入，会占用部分原来水电出力的输送通道，特别是在汛期，水电站通常满发出力运行，由于风光出力的接入，导致部分水电出力不能被送到电网，在本书中称之为水电消减出力。另外，梯级电站不接入风光出力时，两阶段决策模型同样能够提高梯级水电站的发电效益，采用两阶段决策模型（方案3，OPT-h）的发电效益比常规调度（方案1，CON-h）同样有明显的提高（13.1%）。不同资源类型不同月份的送出出力情况具体如图4.10和图4.11所示。

水电消减出力主要发生在主汛期，正如前面所述，由于主汛期入流量较大，水电站满发出力运行，风电出力和光伏出力的接入，水电站不得不消减部分出力以提供风光出力输送通道。对于常规调度，由于接入风光出力后没有改变原

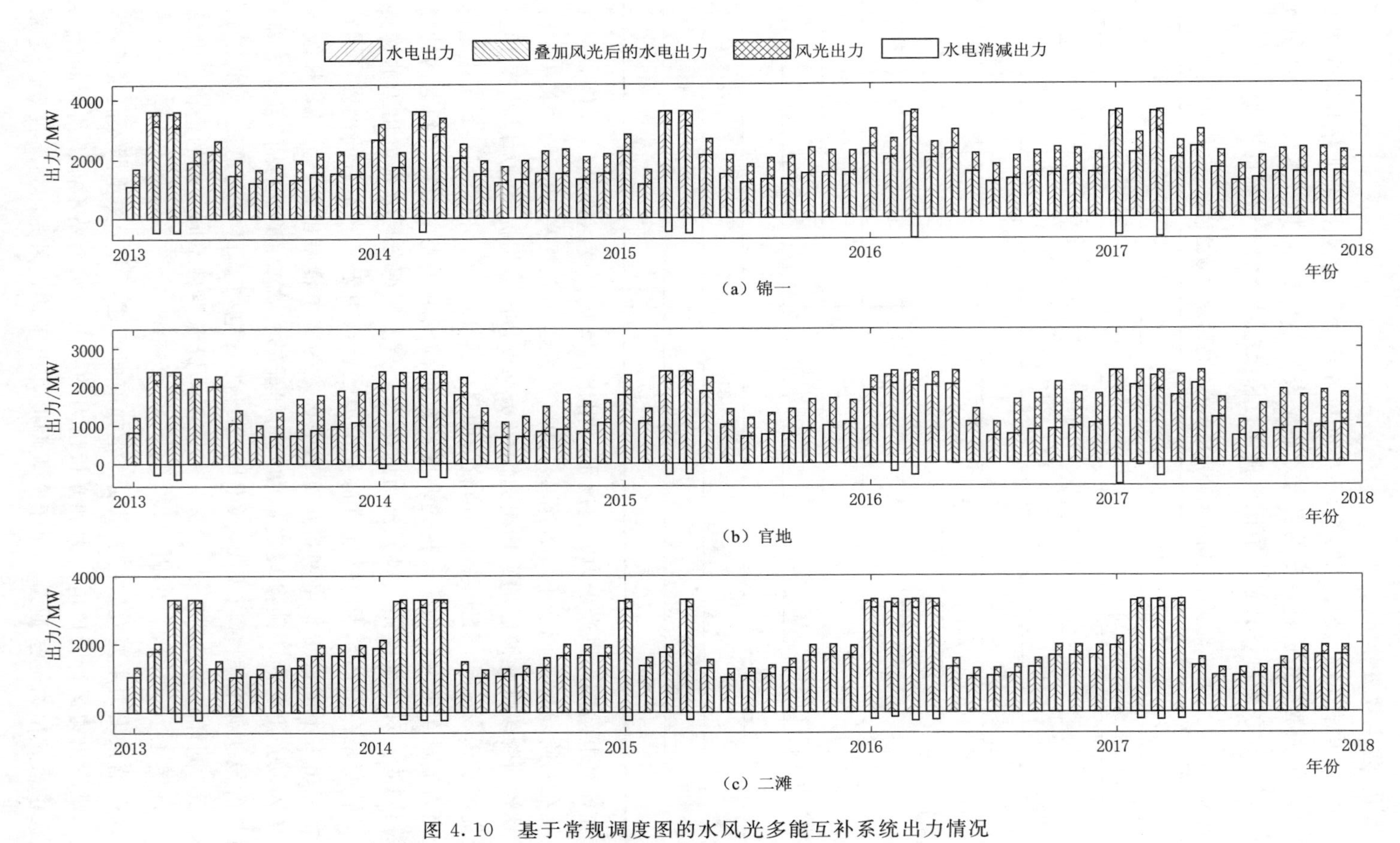

图 4.10　基于常规调度图的水风光多能互补系统出力情况

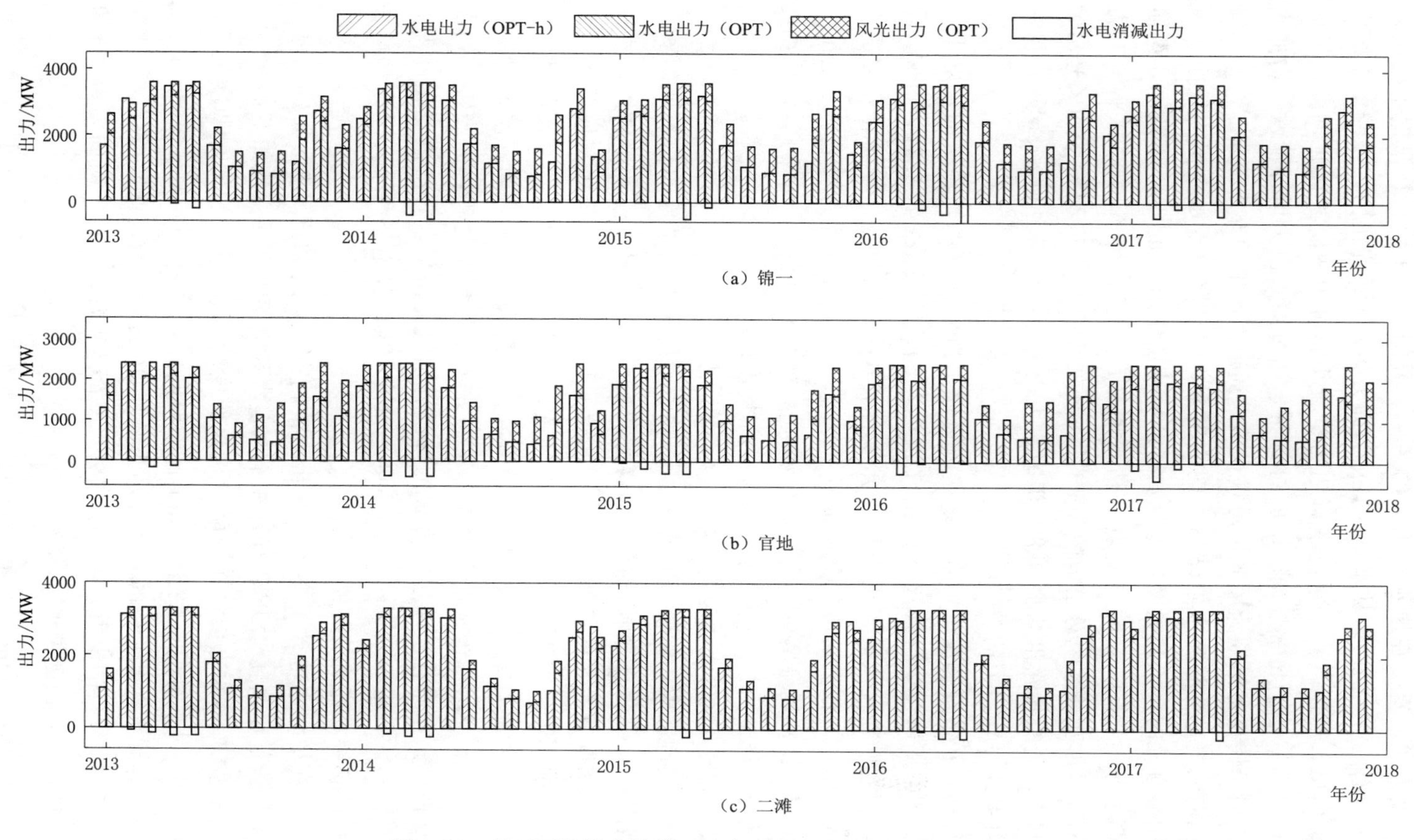

（a）锦一

（b）官地

（c）二滩

图 4.11　基于两阶段决策模型的水风光多能互补系统出力情况

有的调度方式，直接在原水电出力的基础上叠加风光出力，在汛期水电站满发出力运行时（8—9 月），其水电消减出力即为接入的风光出力。二滩子系统由于风光出力接入规模较小，水电消减出力也较小。对于两阶段优化调度，汛期前期（6—7 月）出力比常规调度增加约 10%，通过加大出力增加泄水，增加水库库容，用于储存主汛期为风光出力提供输送通道而产生的弃水流量。

风电光电主要补充水电站枯水期的出力。枯水期由于水电出力较小，风光出力能够有效的接入到电网，充分发挥电量补偿作用。如图 4.11 所示，两阶段优化调度下（OPT），风电光电在枯水期（12 月至次年 5 月）的平均出力为 1717MW，占互补系统总出力的 30.3%，而在汛期（6—11 月）平均风光出力为 1175MW，同时扣除汛期水电平均消减出力，实际补偿出力为 843MW，仅占汛期互补系统平均出力的 10.0%。

另外，在常规调度下，水电站接入风光出力后（CON）输送的水电出力为 4905MW，比单独运行梯级水电站（CON－h）的情况减少 3.6%（图 4.10），常规调度规则在接入风光出力后，会影响水电的发电效益，不能有效地适应风光接入的情况。而两阶段优化调度下（OPT，图 4.11）输送的平均水电出力为 5587MW，比常规调度单独运行梯级水电站（CON）提高了 9.8%，优化调度能够在适应风光出力接入的情况下同时提高水电出力。

4.4.2.2 梯级水库水位变化分析

在长期调度中，需要对具有较强调蓄能力的水电站水库制订长期的蓄水计划和消落计划以保证其长期的运行效益。本实例中对具有年调节能力的锦一水库和具有季调节能力的二滩水库进行水位变化分析，辅助梯级水库蓄水计划和消落计划的制定。图 4.12 分别为锦一水库的二滩水库在基于调度图和基于两阶段决策模型调度下 2013 年 6 月至 2018 年 5 月的月平均水位和弃水流量变化过程，CON－h 表示基于常规调度图的梯级水库水位控制过程，风光接入情况下的常规调度是在原有水库运行方式的基础叠加风光出力，其水位变化过程保持一致；OPT－h 和 OPT 分别表示不接入和接入风电光电条件下，基于两阶段决策模型的梯级水库水位控制过程。

（1）在梯级水电站不接入风光出力的情况下，与常规调度（CON－h）相比，两阶段优化调度（OPT－h）在水库蓄水和消落方面的变化如下：

1）在水库蓄水方面，在两阶段优化调度（OPT－h）和常规调度（CON－h）下，锦一水库汛期达到正常蓄水位的时间分别为 10 月/11 月和 10 月，二滩水库汛期达到正常蓄水位的时间分别为 9 月/10 月和 9 月。两阶段优化调度增加了汛期初（6 月）的出力，推迟了梯级水库蓄至正常蓄水位的时间，为主汛期提供更多的库容，促进洪水资源化。

2）在消落时机方面，锦一水库两阶段优化调度（OPT－h）和常规调度

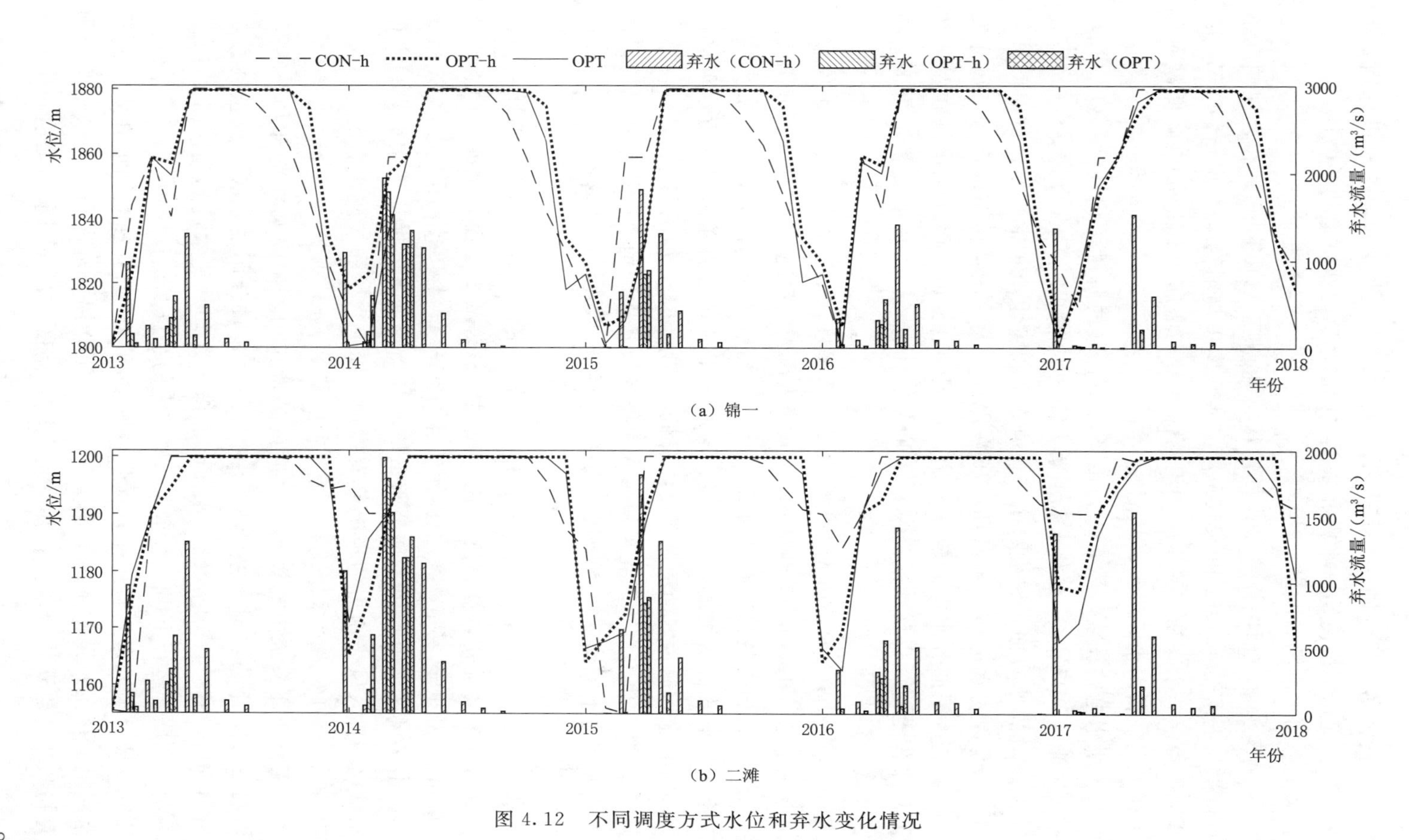

图 4.12 不同调度方式水位和弃水变化情况

(CON－h）的消落时机分别在3月和1月左右，二滩水库的消落时机分别4月和1月左右。优化调度使锦一水库和二滩水库的消落时机推迟约2个月，以利用较高的水头增加水电的发电量。

3）在消落深度方面，锦一水库两阶段优化调度（OPT－h）和常规调度条件下水位平均消落至1813m和1816m，二滩水库平均消落至1167m和1175m。优化调度使得锦一水库和二滩水库的消落深度分别增加3m和8m，降低汛前水位，有利于充分利用水库库容，从而减少弃水。

(2）梯级水电站在接入风光出力的条件下，其两阶段优化调度（OPT）对比不接入风光（OPT－h）在蓄水和消落方面的变化如下：

1）在水库蓄水方面，梯级水库接入风光使得蓄水至正常蓄水位的时间进一步推后，这是因为水电站在主汛期由于来水量较大，通常会满发运行，风光发电的接入，会占用部分水电的输送通道，造成水电弃电，因此水电站在汛期初（6月）增加发电量，以增加泄流量，从而为主汛期（7—9月）提供了更多的防洪库容，减少弃水量。

2）在消落深度方面，风光接入后水库消落深度进一步增加。锦一水库和二滩水库分别消落至1804m和1165m，比未接入风光的情况（OPT－h）分别增加9m和2m。风光出力的接入有效补充了互补系统枯水期的出力，水库水头效益对互补系统发电效益的增加并不明显，同时由于风光出力在汛期占用水电输送通道会加重弃水，通过增加消落深度，降低汛前水位，增加汛期库容。

3）在消落时机方面，风光出力接入使得梯级水库的消落时机有所提前。由于风光接入使得水库消落深度增加，为了避免枯水期末集中消落产生水库弃水，消落时机相应提前。

在水库弃水方面，在不接入风光出力的条件下，两阶段决策模型通过对水库水位控制方式的优化，使得弃水比常规调度显著减少，锦一水库平均弃水流量由163m^3/s减少至26m^3/s，二滩水库由339m^3/s减少至81m^3/s；接入风光出力后，由于风光出力占用了部分水电原有的输送通道，增加了水电弃电，使得弃水量比不接入风光出力的情况略有增加，锦一水库和二滩水库的弃水流量分别为56m^3/s和107m^3/s。

为了探究互补系统中梯级水库之间的补偿作用，在接入风光出力条件下，分别对锦一、官地和二滩子系统进行独立调度和联合调度模拟，模拟时段为2017年6月至2018年5月，锦一水库和二滩水库均从死水位起调，图4.13为在独立调度和联合运行下锦一水库和二滩水库的水位变化过程。

研究发现，水风光多能互补系统联合调度和各子系统独立调度在水库主要在消落时机上存在差异。在各子系统独立调度下，锦一水库和二滩水库的分别于4月初和3月初开始消落；互补系统在联合调度下，锦一水库提前一个月消

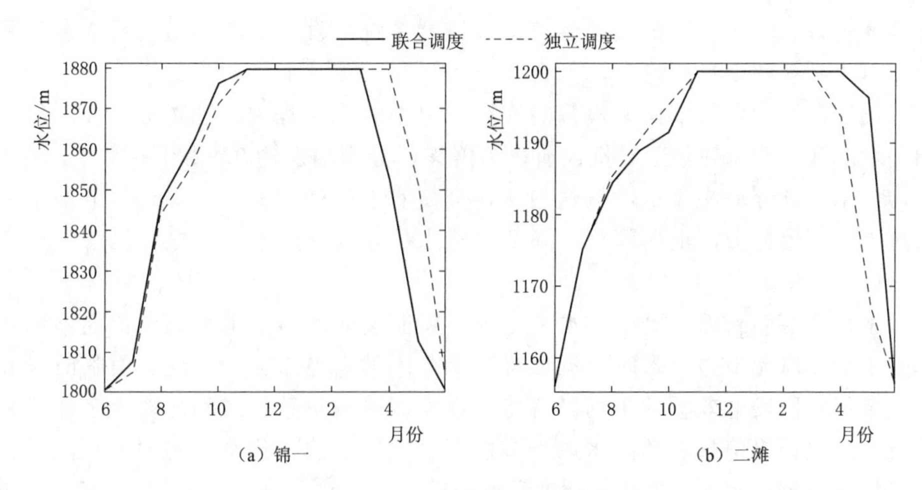

图 4.13 锦一水库和二滩水库的在独立调度和联合调度下的水位变化过程

落，二滩水库推迟一个月消落。在各子系统独立调度时，上游的锦一子系统以自身的水风光发电量最大化为目标，会尽可能推迟水库消落时机。联合调度使得锦一水库提前消落，锦一子系统水风光联合出力从 2857MW 降至 2831MW，但二滩子系统的水风光联合出力由独立调度的 2305MW 升至 2512MW。联合调度通过牺牲上游子系统的一部分电量为代价来换取整个互补系统总电量的增加（增加约 3%）。

总体上，与常规调度图相比，两阶段决策模型使得梯级水库消落时机和蓄水至正常蓄水位的时间推迟，消落深度增加，以充分利用水头和水库库容，增加水力发电量；风光出力的接入会使得梯级水电站水库提前消落，进一步加深消落深度，从而降低汛前水位，增加汛期可以利用的库容，缓解汛期弃水压力。

4.5 本章小结

本章针对水风光多能互补系统如何协调近期和远期效益的问题，提出预报信息驱动的水风光多能互补系统两阶段决策模型，研究大规模风光接入后互补系统发电效益和梯级水库水位控制运用策略等方面的变化，主要研究成果和结论包括：

（1）提出余留期能量曲面定量表征余留期效益。余留期能量曲面与余留库容、未来水风光能输入成正比，从汛期到枯水期，余留期能量曲面由凸曲面向近似平面过渡。

（2）建立基于余留期能量曲面的两阶段决策模型，根据预报信息，以最大化由面临时段和余留期效益组成的全景效益为目标，不断滚动向前做出长期优化调度决策。两阶段决策模型能够有效提高系统的发电效益，互补系统多年平均出力比常规调度提高约 10.7%。

（3）在两阶段决策模型模拟的梯级水电站调度过程中，风光出力接入使得锦一水库和二滩水库消落时机提前，消落深度分别增加约 9m 和 2m。由于风光出力占用了部分原来水电的输送通道，会使水电站产生弃电，梯级水电站水库通过提前消落，加深消落深度，降低汛前水位，来减少水电弃电，缓解汛期弃水压力。

本章主要创新点：提出了水风光余留期能量曲面，定量表征余留期不同水库蓄水量、风光出力、入库径流形势所能产生的发电效益，实现了面临时段和未来余留时段发电效益的平衡。将传统水库两阶段决策拓展到水风光多能互补系统，建立预报信息驱动的水风光多能互补两阶段决策模型，实现了有限预报信息情况下梯级水库长期优化调度和滚动决策。

第5章　预报不确定性对多能互补系统长期调度的影响

水风光长期预测中的不确定性难以避免，不论对于调度图或是两阶段调度模型，预报不确定性都会直接影响系统长期调度决策结果。本章研究预报不确定性对多能互补系统发电效益和可靠性的影响，分析不确定性条件下调度图与两阶段决策模型的适用性。

5.1　概述

预报不确定性随预见期的延长而增大，对于中长期预报，预见期通常在三天以上到一年以内[174]，本章假定预报不确定性呈线性增加趋势[175]，设置预见期为12个月，基于组合预报模型的误差概率分布规律随机生成不同预报水平的风光出力及径流预报场景，以评估预报不确定性对于互补系统长期调度决策的影响。

对于水风光多能互补系统的两阶段决策模型，余留期能量曲面能够定量描述水风光多能互补系统余留期的效益，用于协调面临期效益与远期效益。余留期能量曲面簇中不同的曲面代表着不同的未来风光出力及径流形势，因而余留期能量曲面簇需要反映尽可能多的风电出力、光伏出力和径流情况。本章基于风速、辐射强度和径流的概率分布规律生成大量场景来扩充余留期能量曲面簇。另外，在两阶段决策模型决策过程中，面临时段末的余留期能量曲面基于未来风光出力及径流预报确定，其是否具有良好的代表性直接影响面临时段决策及长期发电效益。本书在第4章中利用一个时段的水风光能量输入来确定面临时段末的余留期能量曲面，验证了两阶段决策模型的有效性。在具有多个时段预报数据的情况下，为了高效利用预报信息，面临时段末的余留期能量曲面确定方法有待进一步探索。

对于水风光多能互补长期调度，不同调度方式的预报信息利用情况不同，预报调度图利用面临时段的预报信息制定决策；两阶段决策模型则可利用多个预见期的预报制定决策。基于此，本章分别运用调度图和两阶段决策模型模拟水风光多能互补系统在不同预报水平下的长期调度过程，评估互补系统发电效益及可靠性，分析不同长期调度决策方式的适用性。研究框架和主要步骤如下：

（1）采用误差演进模型生成不同预报水平下的风光出力及径流预报场景。

（2）生成大量风速、辐射强度和径流场景，扩充两阶段决策模型的余留期能量曲面簇。

（3）建立基于不同映射模型和不同预见期的两阶段调度模拟模型，确定预报信息利用方式和最佳预见期利用长度。

（4）评估调度图与两阶段决策模型在不同预报水平下的适用性。

具体研究框架和步骤如图5.1所示。

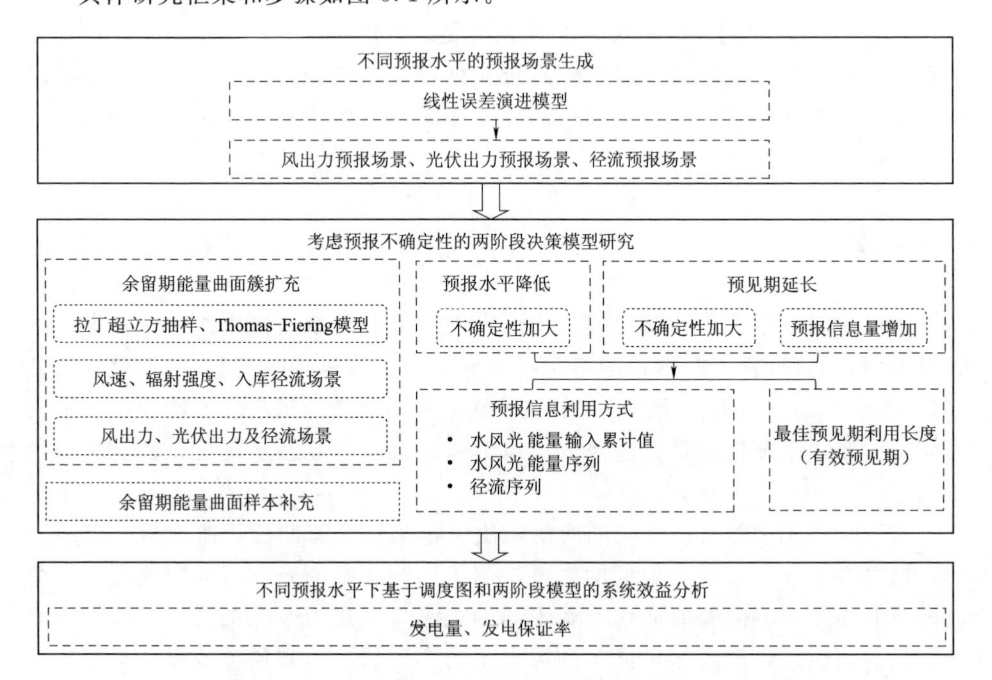

图5.1　预报不确定性对多能互补系统长期调度影响的研究框架和步骤

5.2　预报场景生成

为探讨在不同预报水平下风电出力、光伏出力及径流对水风光多能互补系统长期调度的影响，需要生成不同预报精度的预报场景。本书基于组合预报模型预报误差的概率分布（第2章）随机生成预报误差，风光出力及径流预报值由实际值与对应的预报误差相加得到

$$P=R+e \tag{5.1}$$

式中：P 为预报值，MW；R 为待预报变量，即风电出力、光伏出力和径流的实际值，MW；e 为预报误差，m^3/s。

预报不确定性随着预见期的增加而增大，假定预报不确定性随预见期呈线性增长的趋势，基于此，建立线性误差演进模型，见式（5.2），即预报误差 e 的标准差随着预见期 h 呈线性增加。

$$\zeta_h^2=\min(h\Phi^2,\sigma^2),\ h=1,2,\cdots,H \tag{5.2}$$

式中：ζ_h 和 ζ_h^2 为第 h 个预见期预报误差的标准差和方差；Φ 为预报误差标准差随预见期的增长速率，代表预报水平，表示预报不确定性的大小，Φ 越大，预报不确定性越大，预报水平越低；σ 为待预报变量本身的标准差，在实际预报中，预报误差的标准差 ζ 不大于待预报变量本身的标准差 σ[176]。

对于待预报变量 R，$[P_{t-H+1}^t,\cdots,P_{t-h+1}^t,\cdots,P_{t-1}^t,P_t^t]$ 为 t 时段变量（R_t）不同预见期的预报值，P_{t-h+1}^t 表示预见期为 h 时变量 R_t 的预报值，下标 $t-h+1$ 表示进行预报的时刻（$t-h+1$ 时段初），上标 t 表示预报数据对应时段；第 h 个预见期的预报误差 e^h 是服从变量 R 的预报误差概率分布规律、且方差为 ζ_h^2 的随机数，R_t 位于第 h 个预见期的预报值 P_{t-h+1}^t 可表示为

$$P_{t-h+1}^t=R_t+e^h \tag{5.3}$$

由于风电出力、光伏出力和径流有明显的季节性特征，不同月份的预报误差标准差大小不同，因此需要根据研究时段所处的月份生成不同的预报误差。以锦一风电出力为例具体说明预报误差生成过程：假设研究时段 t，所处月份为 y，则第 h 个预见期的预报误差 e_y^h 的计算见式（5.4）和式（5.5），进一步得到时段 t 的锦一风电出力位于第 h 个预见期的预报风电出力 $P_{t-h+1,JPw}^t$，可表示为

$$\zeta_{h,y}^2=\min(h\Phi_y^2,\sigma_y^2) \tag{5.4}$$

$$e_y^h=\zeta_{h,y}\frac{x-\mu'_x}{\sigma'_x} \tag{5.5}$$

$$P_{t-h+1,JPw}^t=R_{t,JPw}+e_y^h \tag{5.6}$$

式中：σ_y 为 y 月份的锦一风电出力的标准差；Φ_y 为对 y 月锦一风电出力预报的误差随预见期的增长速率；$\zeta_{h,y}$ 为锦一风电出力在 y 月时第 h 个预见期预报误差的标准差；x 为基于锦一风电出力预报误差分布模型生成的随机数；μ'_x 和 σ'_x 分别为锦一风电出力预报误差分布模型的均值和标准差；$R_{t,JPw}$ 为锦一风电出力在时段 t 的实际值。具体个子系统的风电出力、光伏出力及径流的预报误差分布模型及参数见式（2.34）、式（2.35）和表 2.12。

5.3　考虑预报不确定性的两阶段决策模型

5.3.1　余留期能量曲面簇扩充

本节基于第 2 章求解的历史风速、辐射强度、入库径流概率分布模型，生成大量风速、辐射强度和径流场景，然后运用月尺度风电转换和光电转换公式

得到风电出力和光伏出力场景，进一步通过确定性水风光多能互补优化调度模型，扩充各月份的余留期能量曲面簇。具体风速和辐射强度采用拉丁超立方抽样生成随机场景，入库径流采用 Thomas - Fiering 模型生成随机场景。

5.3.1.1　拉丁超立方抽样

拉丁超立方抽样（LHS）是 Mckay 等[177] 在1979年提出的一种随机抽样方法。于晗等[178] 提出用 LHS 法和 Gram - Schmidt 序列正交化方法改善采样值对输入随机变量的分布空间的覆盖程度，提高采样效率，并将其应用于概率潮流计算中。严海峰[179] 采用 LHS 法和 Cholesky 法对三台风机周围的风速进行抽样，为描述风电出力的不确定性提供了解决思路。总体上，拉丁超立方抽样结果能够很好地反映总样本的整体分布情况，做到对抽样空间的全面覆盖。LHS 法一般分为抽样和排序两大步骤。

1. 抽样

假设现在有 k 个随机变量，分别为 $X_1, X_2, \cdots, X_i, \cdots, X_k$ 变量 X_k 为其中任一随机变量，则其累计分布函数可表示为

$$Y_i = F_i(X_i) \tag{5.7}$$

将该曲线的纵轴 N 等分，每个独立区间的宽度为 $1/N$，选择各个区间的中点作为 Y_i 的采样点，并使用曲线函数的反函数来计算 X_i 采样值，具体计算公式为

$$X_i = F_i^{-1}\left(\frac{n-0.5}{N}\right) \tag{5.8}$$

对 k 个随机变量逐一进行抽样，每个随机变量的抽样样本作为样本矩阵的一列，可得到一个 $k \times N$ 的样本矩阵，该矩阵的每行即为随机变量的一组抽样值。

2. 排序

抽样步骤决定了各个随机变量之间的相互独立性，因此用此方法得到的抽样数据计算得到的结果会受到不同随机变量抽样值之间相关性的影响。对抽样得到的数据进行排序处理可以消除或降低抽样矩阵各行间的相关性。常用方法有：Spearman 秩相关分析法、Gram - Schmidt 序列正交化法和 Cholesky 分解法。其中 Cholesky 法因具有计算速度快，分解步骤简单等特点被广泛应用[180]，本书采用 Cholesky 分解法对采样结果进行排序处理。其具体步骤如下：

首先计算随机变量 X_i 与 X_j 的相关系数，其中 $i=1,2,\cdots,k$；$j=1,2,\cdots,k$。计算公式为

$$\rho_{ij} = \frac{\mathrm{cov}(x_i, x_j)}{\sqrt{\sigma_i^2}\sqrt{\sigma_j^2}} \tag{5.9}$$

其中，$\mathrm{cov}(x_i, x_j)$ 为两变量的协方差；σ_i^2 和 σ_j^2 为两变量的方差，计算公

式为

$$\mathrm{cov}(x_i, x_j) = \sum_{m=1}^{N}(x_{i,m} - \overline{X}_i)(x_{j,m} - \overline{X}_j) \tag{5.10}$$

$$\sigma_i^2 = \sum_{m=1}^{N}(x_{i,m} - \overline{X}_i)^2 \tag{5.11}$$

$$\sigma_j^2 = \sum_{m=1}^{N}(x_{j,m} - \overline{X}_j)^2 \tag{5.12}$$

可求得相关系数矩阵 ρ_s 为

$$\rho_s = \begin{bmatrix} 1 & \rho_{12} & \cdots & \rho_{1k} \\ \rho_{21} & 1 & \cdots & \rho_{2k} \\ \vdots & \vdots & \ddots & \vdots \\ \rho_{k1} & \rho_{k2} & \cdots & 1 \end{bmatrix} \tag{5.13}$$

然后生成顺序矩阵 L，该矩阵为 $k \times N$ 的矩阵。每行元素为整数 1 到 N 随机排列，表示采样矩阵行元素的排列位置。用 Cholesky 法分解后得到下三角矩阵 D 为

$$\rho_L = DD^T \tag{5.14}$$

根据此式可得到一个 $k \times N$ 的矩阵 B 为

$$B = D^{-1}L \tag{5.15}$$

其相关系数矩阵为单位矩阵，说明其各行间无相关性。将 L 阵的各行元素用 B 矩阵中列元素的大小顺序重新排列得到 L'，然后根据 L'阵各行元素的位置信息来变换采样样本的各行元素得到最终样本，至此采样样本各行间的相关性得到降低。

5.3.1.2 Thomas - Fiering 模型

本书采用 Thomas - Fiering 模型进行径流序列的随机模拟，该模型由 Thomas 和 Fiering 于 1962 年提出，用于模拟生成流域径流序列，后续不断有学者对此方法进行改进完善[181-183]。该模型在生成随机径流序列方面表现良好，与历史的流量数据具有相同的统计学意义[184]。模型可表示为如下递推关系：

$$q_{i+1,j} = \overline{q}'_{i+1} + r_{i+1}(q_{i,j} - \overline{q}'_i) + \sqrt{1 - r_{i+1}^2}\,\overline{q}'_{i+1} C_v \delta \tag{5.16}$$

式中：$q_{i+1,j}$ 和 $q_{i,j}$ 为第 j 年的 $i+1$ 和 i 月模拟的流量，$\mathrm{m^3/s}$；$\overline{q}'_{i+1}$ 和 $\overline{q}'_i$ 为 $i+1$ 和 i 月在历史记录下的平均流量，$\mathrm{m^3/s}$；C_v 为反映径流的随机性变异系数；r_{i+1} 为第 i 月的流量与第 $i+1$ 月的流量的相关性系数；δ 为服从标准正太分布的随机数。

5.3.2 预报信息利用方式

两阶段决策模型面临时段末的余留期能量曲面可基于未来预报数据确定，在具有多个时段预报数据的情况下，为有效的利用预报信息，本节提出了不同

预报信息利用方式。由于余留期能量大小与互补系统未来能量（来自于风电出力、光伏出力、径流）输入形势有关，本节分别通过水风光能量输入累计值、水风光能量输入序列、径流序列来刻画互补系统未来的能量输入形势，并分别建立与余留期能量曲面之间的空间映射模型，用于面临时段末的余留期能量曲面的确定。对于仅有一个时段预报数据的情况，面临时段末的余留期能量曲面为对应余留期能量曲面簇的期望值。

1. 基于水风光能量累计值的空间映射模型 M_1

对于水文年中 k 月初的水风光能量累计值空间映射模型，其值域为 k 月初的余留期能量曲面簇 C_k，定义域为 C_k 中每个曲面对应的水风光能量输入（由求解余留期能量曲面簇所使用的风光出力和径流序列计算得到）。假设两阶段决策模型利用 U 个时段的预报数据确定余留期能量曲面，C_k 中第 y 个水文年的曲面（曲面 y）对应水风光能量输入设置为 E_k^y，见式（5.17）和式（5.18）；则 k 月初映射模型的定义域 E_k 为包含 Y 个元素的集合，Y 为 C_k 中包含曲面的个数，见式（5.19），并根据预报数据利用长度 U 的不同调整定义域空间。进而 k 月初映射模型见式（5.20），同理可得水文年中其他月份的映射模型。

$$E_k^y = \sum_{j=1}^{U} e_{k+j-1}^y \tag{5.17}$$

$$e_k^y = \sum_{i=1}^{n} (Nh_{i,k}^y + Nw_{i,k}^y + Ns_{i,k}^y)\Delta t \tag{5.18}$$

$$E_k = \{E_k^y \mid y \in (1,2,\cdots,Y)\} \tag{5.19}$$

$$M_1^k : E_k \longrightarrow C_k \tag{5.20}$$

式中：e_k^y 为在水文年 k 月初的余留期能量曲面簇中，曲面 y 对应的 k 月的水风光能量输入；$Nh_{i,k}^y$、$Nw_{i,k}^y$ 和 $Ns_{i,k}^y$ 分别为第 i 个子系统在第 y 个水文年的 k 月份输入的水电出力、风电出力和光伏出力，其中水电出力以该月入库径流作为电站下泄流量通过水能计算得到；Δt 为时段长度；E_k^y 为曲面 y 在 k 月初后 U 个时段水风光能量输入累计值。

在两阶段决策模型决策过程中，对于面临时段 t 时段末（$t+1$ 时段初）的余留期能量曲面的确定，假设 $t+1$ 时段初位于水文年中的 κ 月初，首先基于风光出力及径流预报，求解互补系统水风光能量输入预报 P_t，见式（5.21）和式（5.22）。进一步，以 P_t 为检索值，在 κ 月初的映射模型 M_1^κ 的定义域 E_κ 中查询，如有对应关系，采取其对应的余留期能量曲面作为面临时段末的余留期能量曲面。若不存在对应关系，计算 P_t 与 E_κ 中每一个元素 E_κ^y 的欧式距离，选取距离最小的两个元素 $E_\kappa^{y_1}$ 和 $E_\kappa^{y_2}$ 分别对应的余留期能量曲面 $c_\kappa^{y_1}$ 和 $c_\kappa^{y_2}$，通过插值拟合得到面临时段末的余留期能量曲面 c_{t+1}，见式（5.23）。

$$P_t = \sum_{f=t+1}^{t+U} p_t^f \tag{5.21}$$

$$p_t^f = \sum_{i=1}^{n} (Nh_{i,t}^f + Nw_{i,t}^f + Ns_{i,t}^f)\Delta t \tag{5.22}$$

$$c_{t+1} = \frac{|P_t - E_\kappa^{y_2}|}{|P_t - E_\kappa^{y_1}| + |P_t - E_\kappa^{y_2}|} c_\kappa^{y_1} + \frac{|P_t - E_\kappa^{y_1}|}{|P_t - E_\kappa^{y_1}| + |P_t - E_\kappa^{y_2}|} c_\kappa^{y_2} \tag{5.23}$$

式中：p_t^f 为预报值，下标 t 表示进行预报的时刻（t 时段初），上标 f 表示预报数据对应的时段，p_t^f 表示在 t 时段初，对 f 时段的水风光能量输入的预报值；P_t 为在 t 时段初预报的 $t+1$ 到 $t+U$ 时段的预报水风光能量输入累计值；n 为子系统的个数；$Nh_{i,t}^f$、$Nw_{i,t}^f$ 和 $Ns_{i,t}^f$ 分别为第 i 个子系统在第 t 时段初得到的时段 f 的预报水电出力、预报风电出力和预报光伏出力，其中预报水电出力是以该时段预报径流作为下泄流量计算得到，该时段的水力发电量为不蓄电能。

2. 基于水风光能量序列的空间映射模型 M_2

对于水文年中 k 月初的映射模型 M_2^k，其值域为 k 月初的余留期能量曲面簇 C_k，定义域为 C_k 中每个曲面对应的水风光能量序列。假设两阶段决策模型利用 U 个时段的预报数据确定余留期能量曲面，C_k 中曲面 y 对应水风光能量序列 e_k^y 为 $1\times U$ 的向量，见式（5.24）；所有曲面的水风光能量序列向量合并成向量空间 e_k，即为 k 月初映射模型的定义域，与值域 C_k 中的余留期能量曲面一一对应，见式（5.25），根据预报数据利用长度 U 的不同可调整定义域空间，进而 k 月初映射模型见式（5.26），同理可得水文年中其他月份的映射模型。

$$e_k^y = [e_k^y, e_{k+1}^y, e_{k+2}^y, \cdots, e_{k+U-1}^y] \tag{5.24}$$

$$e_k = [e_k^1, e_k^2, e_k^3, \cdots, e_k^Y] \tag{5.25}$$

$$M_2^k : e_k \longrightarrow C_k \tag{5.26}$$

式中：e_k^y 为 k 月初的余留期能量曲面簇中，第 y 个水文年 k 月的水风光能量输入，由式（5.18）计算；Y 为 C_k 中包含曲面的个数。

基于映射模型 M_2 的两阶段决策模型基本思想是：根据预报的水风光能量序列与定义域空间中水风光能量序列的相似性，确定面临时段末的余留期能量曲面，进而进行面临时段的决策制定。对于面临时段 t 时段末（$t+1$ 时段初）的余留期能量曲面的确定，假设 $t+1$ 时段初在水文年中位置索引为 k 月初，首先基于风光出力及径流预报，得到预报的水风光能量序列 p_t，见式（5.27）。进一步，以 p_t 为检索值，在 k 月初的映射模型 M_2^κ 的定义域 e_κ 中查询，如有对应关系，采取其对应的余留期能量曲面作为面临时段末的余留期能量曲面。若不存在对应关系，计算 p_t 与 e_κ 中每一个向量 e_κ^y 的相似性，本书采用欧式距离度量向量间的相似性，距离越小则相似性越高，选取相似性最高的两个向量 $e_\kappa^{y_1}$ 和

$e_{\kappa}^{y_2}$ 分别对应的余留期能量曲面 $c_{\kappa}^{y_1}$ 和 $c_{\kappa}^{y_2}$，通过插值拟合得到面临时段末的余留期能量曲面 c_{t+1}，见式（5.28）。

$$p_t=[p_t^{t+1},p_t^{t+2},p_t^{t+3},\cdots,p_t^{t+U}] \tag{5.27}$$

$$De^y=\sqrt{\sum_{j=1}^{U}(p_t^{t+j}-e_{\kappa+j-1}^{y})^2},\ y=1,2,\cdots,Y \tag{5.28}$$

$$c_{t+1}=\frac{De^{y_2}}{De^{y_1}+De^{y_2}}c_{\kappa}^{y_1}+\frac{De^{y_1}}{De^{y_1}+De^{y_2}}c_{\kappa}^{y_2} \tag{5.29}$$

式中：p_t^{t+1} 表示在 t 时段初，对 $t+1$ 时段的水风光能量输入的预报值，由式（5.22）计算；De^{y_1} 和 De^{y_2} 分别为向量 $e_{\kappa}^{y_1}$ 和 $e_{\kappa}^{y_2}$ 与 p_t 的欧氏距离。

3. 基于水风光多能互补系统入库径流序列的空间映射模型 M_3

对于每个时段的水风光多能互补系统入库径流，是指互补系统中首级水库的入库径流与下游水库的区间入库径流之和（对于雅砻江下游水风光多能互补系统，互补系统入库径流指锦一入库径流、锦-官区间流量与官-二区间流量之和）。对于水文年中 k 月初的映射模型 M_3^k，其值域为 k 月初的余留期能量曲面簇 C_k，定义域为 C_k 中每个曲面对应的互补系统入库径流序列。假设两阶段决策模型利用 U 个时段的预报数据确定余留期能量曲面，C_k 中曲面 y 对应互补系统入库径流序列 Q_k^Y 为 $1\times U$ 的向量，见式（5.30）。k 月初映射模型的定义域为所有曲面的入库径流序列向量合并成向量空间 Q_k，与值域 C_k 中的余留期能量曲面一一对应，见式（5.31）。k 月初映射模型见式（5.32）。根据预报数据利用长度 U 的不同可调整定义域空间。同理可得水文年中其他月份的映射模型。

$$Q_k^y=[Q_k^y,Q_{k+1}^y,Q_{k+2}^y,\cdots,Q_{k+U-1}^y] \tag{5.30}$$

$$Q_k=[Q_k^1,Q_k^2,Q_k^3,\cdots,Q_k^Y] \tag{5.31}$$

$$M_3^k:Q_k\longrightarrow C_k \tag{5.32}$$

在两阶段决策模型决策过程中，与 M_2 类似，基于径流序列的相似性确定面临时段 t 时段末（$t+1$ 时段初）的余留期能量曲面。假设 $t+1$ 时段初在水文年中位置索引为 κ 月初，根据入库径流及区间径流预报，得到互补系统预报的径流序列 q_t，见式（5.33）。进一步，以 q_t 为检索值，在 κ 月初的映射模型 M_3^{κ} 的定义域 Q_{κ} 中查询，如有与 q_t 一致的向量序列，其对应的余留期能量曲面即为面临时段末的余留期能量曲面。否则，计算 p_t 与 Q_{κ} 中每一个向量 Q_{κ}^y 的相似性，选取相似性最高的两个向量 $Q_{\kappa}^{y_1}$ 和 $Q_{\kappa}^{y_2}$ 分别对应的余留期能量曲面 $c_{\kappa}^{y_1}$ 和 $c_{\kappa}^{y_2}$，通过插值拟合得到面临时段末的余留期能量曲面 c_{t+1}，见式（5.35）。

$$q_t=[q_t^{t+1},q_t^{t+2},\cdots,q_t^{t+U}] \tag{5.33}$$

$$DQ^y=\sqrt{\sum_{j=1}^{U}(q_t^{t+j}-Q_{\kappa+j-1}^{y})^2},\ y=1,2,\cdots,Y \tag{5.34}$$

$$c_{t+1}=\frac{DQ^{y_2}}{DQ^{y_1}+DQ^{y_2}}c_{\kappa}^{y_1}+\frac{DQ^{y_1}}{De^{y_1}+DQ^{y_2}}c_{\kappa}^{y_2} \tag{5.35}$$

式中：DQ^{y_2} 和 DQ^{y_1} 分别为向量 Q^{y_1} 和 Q^{y_2} 与 q_t 的欧氏距离。

4. *基于余留期能量曲面簇期望值的确定方法*

对于预见期利用长度为 1 个时段时，在两阶段决策模型决策过程中，面临时段 t 时段末（$t+1$ 时段初）的余留期能量曲面的可以根据对应的余留期能量曲面簇确定。假设余留期能量曲面簇中每个曲面发生概率相同，若 $t+1$ 时段初位于水文年中的 k 月初，其对应的余留期能量曲面簇为 C_k，$t+1$ 时段初的余留期能量曲面 c_{t+1} 可根据式（5.37）确定。

$$C_k=\{c_k^y \mid y\in(1,2,\cdots,Y)\} \tag{5.36}$$

$$c_{t+1}=\sum_{y=1}^{Y}c_k^y\frac{1}{Y} \tag{5.37}$$

5.3.3　两阶段决策模型及有效预见期

在运用两阶段决策模型调度过程中，面临时段末的余留期能量曲面可以利用不同的空间映射模型和不同预见期长度的预报信息确定。为提高两阶段决策模型的性能，本章通过对比在使用不同空间映射模型和不同预见期长度的预报数据情况下互补系统的发电量，确定合适的预报数据利用方式和预见期利用长度，具体的两阶段决策模型指导互补系统的长期调度决策过程为

$$D_t^*=\arg\max\left\{\sum_{i=1}^{n}B_t(Nh_{i,t}^t,Nw_{i,t}^t,Ns_{i,t}^t)\Delta t+C_{t+1}^{m,H}(s_{t+1})\right\} \tag{5.38}$$

$$C_{t+1}^{m,H}=M_m(\{I_{i,t}^f,Nw_{i,t}^f,Ns_{i,t}^f : f=t+1,t+2,\cdots,t+R-1;i=1,2,\cdots,n\}) \tag{5.39}$$

式中：D_t^* 为 t 时段的决策；$Nh_{i,t}^t$、$Nw_{i,t}^t$ 和 $Ns_{i,t}^t$ 分别为第 i 个子系统在 t 时段初得到的 t 时段预报水电出力、风电出力和光伏出力，下标 t 表示进行预报的时刻（t 时段初），上标 t 表示预报数据所在时段；$M_m(\cdot)$ 为用于确定余留期能量曲面的映射模型，（$m=1$，2，3）；$I_{i,t}^f$、$Nw_{i,t}^f$ 和 $Ns_{i,t}^f$ 分别为第 i 个子系统在 t 时段初得到的时段 f 的径流预报、风电出力预报和光伏出力预报；$C_{t+1}^{m,H}$ 为 t 时段末（$t+1$ 时段初）基于 M_m 映射模型确定的余留期能量曲面；R 为两阶段决策模型使用的预见期长度，其中第 1 个时段的预报信息用于面临时段效益计算，第 2～R 个时段的预报信息用于余留期能量曲面计算，R 为 1 时，面临时段末的余留期能量曲面为对应时刻余留期能量曲面簇的期望值。

对于互补系统的调度，增加预见期利用长度，能够提供更多的预报信息，促进面临时段的决策，但同时也带来了更大的预报不确定性，不利于调度决策，因此，存在一个权衡预报信息与预报不确定性的最佳预见期利用长度能够使得

互补系统获得较优决策，这个最佳的预见期利用长度即为有效预见期，如图5.2所示。为确定两阶段决策模型的有效预见期，依次设置预见期利用长度为1～H，根据对应的预报信息确定互补系统面临时段的调度决策，然后利用实际数据基于水能计算和水量平衡原理更新时段末各子系统的水库状态，并逐时段递推得到长系列调度过程。以互补系统能发电效益最优为原则，确定有效预见期H_O，并优选两阶段决策模型中余留期能量曲面计算的空间映射模型。

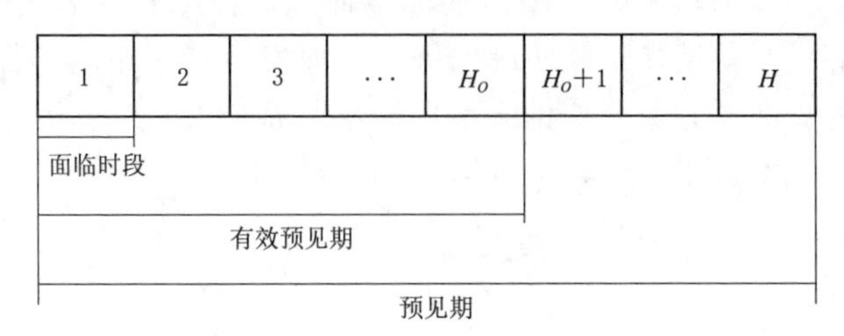

图5.2　有效预见期

5.4　实例分析

本章以雅砻江下游水风光多能互补系统为研究实例，首先，基于1968—2018年月尺度的风光出力及径流历史数据，生成不同预报水平下的预报场景。然后，以使得互补系统能够发挥较优的效益为原则，确定两阶段决策模型的预报信息利用方式及有效预见期。最后，根据不同预报水平的预报场景，运用多种类型的调度图与两阶段决策模型指导互补系统调度，评估不同长期调度方式的适用性。

5.4.1　风光出力及径流场景

采用拉丁超立方抽样（LHS）和Thomas-Fiering模型对锦一子系统、官地子系统和二滩子系统分别生成100年月尺度的风速、辐射强度和径流场景，并基于月尺度的风电转换和光电转换公式得到100年接入到各子系统的风电出力和光伏出力场景（图5.3），驱动确定性水风光多能互补优化调度模型，扩充余留期能量曲面簇。

运用线性误差演进模型，以1968年6月至2018年5月锦一子系统、官地子系统和二滩子系统的风电出力、光伏出力以及锦一入库径流、锦-官区间径流和官-二区间径流的历史数据为基础，生成预见期为12个月的预报误差。根据预报误差标准差随预见期的增长速率Φ（简称误差演进速率），本书共设置8种预报不确定性情景，依次为0、0.05σ、0.1σ、0.2σ、0.3σ、0.5σ、0.7σ和1σ（σ为待预报变量自身的标准差）。当误差演进速率Φ为0时，预报误差为0，为完

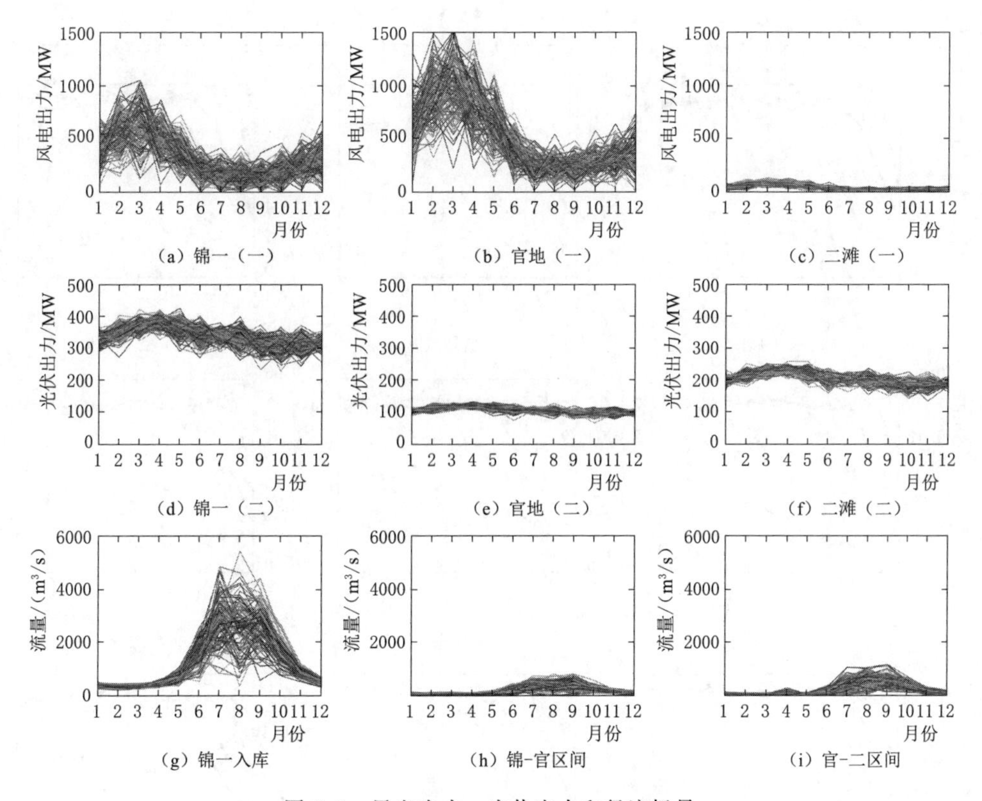

图 5.3 风电出力、光伏出力和径流场景

美预报；当预报误差演进速率 Φ 为 1σ 时，其预报效果等价于以多年月平均值作为预报数据。不同预报不确定性情景的预报平均相对误差（MARE）随预见期的变化情况，如图 5.4 所示。由于误差的标准差不超过待预报变量的标准差，因此当预报误差标准差增加至 σ 时不再继续增加，即预报的 MARE 随预见期增长到一定程度时趋于稳定。生成的预报误差叠加历史数据即为预报场景。

5.4.2 余留期能量曲面映射模型

以 1968 年 6 月至 2018 年 5 月各子系统风电出力、光伏出力和径流的历史数据为实际值，以不确定性情景作为预报值，通过设置不同的预见期利用长度，结合基于水风光能量累计值的空间映射模型 M_1、基于水风光能量序列的空间映射模型 M_2 和基于入库径流序列的空间映射模型 M_3，运用两阶段决策模型进行水风光多能互补系统的长期调度模拟，确定余留期能量曲面的求解模型。由于预见期利用长度为 1 个月时，预报信息用于面临时段的决策，面临时段末的余留期能量曲面为对应时刻余留期能量曲面簇的期望值；预见期利用长度超过 1 个月时，余留期能量曲面可基于不同的空间映射模型利用第 2 个月及其以后时段预报信息求解。因此，依次设置预见期利用长度为 2～12 个月，不同空间映

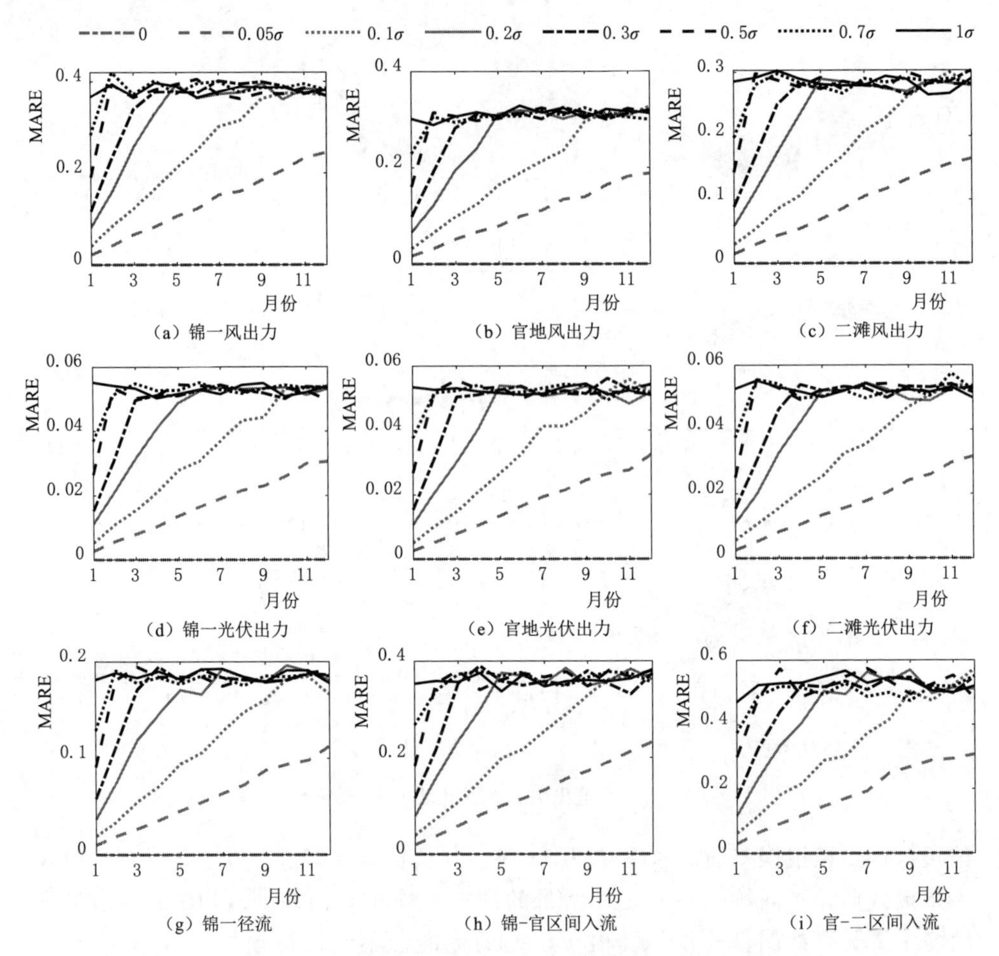

(a) 锦一风出力　(b) 官地风出力　(c) 二滩风出力

(d) 锦一光伏出力　(e) 官地光伏出力　(f) 二滩光伏出力

(g) 锦一径流　(h) 锦-官区间入流　(i) 官-二区间入流

图 5.4　风光出力及径流预报平均相对误差（MARE）随预见期的变化情况

射模型在各预报水平下的互补系统出力情况，如图 5.5 所示。

总体上，互补系统平均出力随着预报水平的降低而减小。对于基于水风光能量累计值空间映射模型 M_1，当预报误差标准差增长速率 $\Phi<0.2\sigma$ 时，互补系统平均出力随预见期利用长度先增加后减小；当预报误差标准差增长速率 $\Phi\geqslant0.2\sigma$ 时，互补系统平均出力随预见期利用长度呈现波动变化的特征。与基于水风光能量序列的空间映射模型 M_2 和基于径流序列的空间映射模型 M_3 相比，M_1 对应的互补系统出力处于较低的水平，说明水风光能量累计值未能有效反映未来多个时段水风光能量输入的变化情况，对余留期能量曲面的表达能力较弱。

M_2 和 M_3 使得互补系统出力变化趋势较为相似，总体上，互补系统平均出力随着预见期利用长度的增加而有所增加。在不同预报水平下，M_3 使得互补系统的出力普遍较高，说明入库径流序列特征能够较好的代表余留期能量曲面；

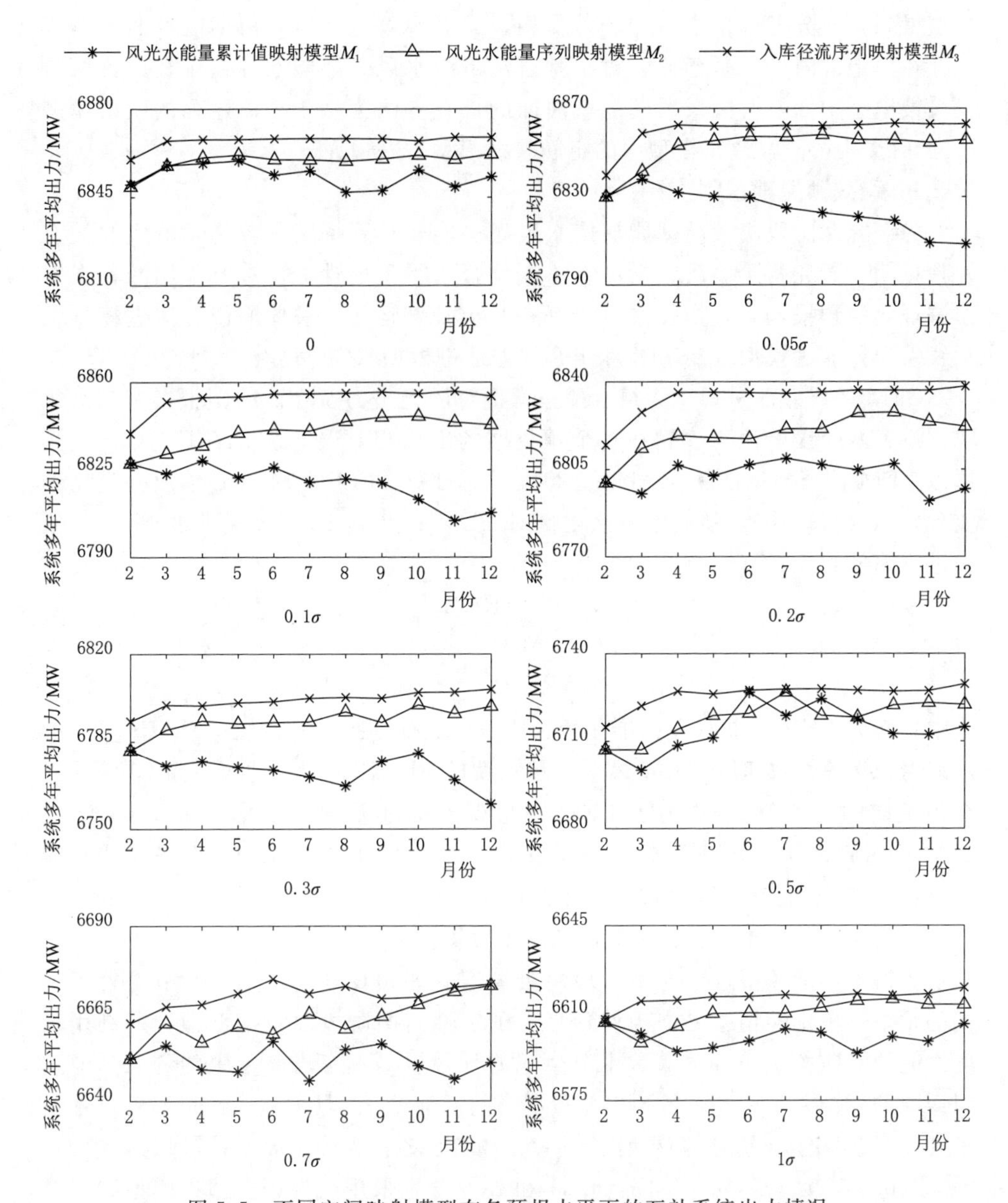

图 5.5 不同空间映射模型在各预报水平下的互补系统出力情况

另外，当预见期利用长度超过四个时段时，互补系统平均出力变化趋于平稳。对于 M_2 其互补系统平均出力低于 M_3，这是因为水风光能量中水电站不蓄电能的计算受到水电站过机流量和装机容量的限制，同时，不蓄电能的计算不考虑水库的调蓄作用，当来水流量超过水电站的过机流量时，不蓄电能仅代表过机流量所产生的电量。然而，余留期能量曲面簇是基于确定性的水风光优化调度模型得到，充分考虑了水库的调蓄作用，因而不蓄电能对余留期能量曲面的表征存在一定局限性。基于此，对于雅砻江下游水风光多能互补系统，设置两阶段决策模型中面临时段余留期能量曲面的计算方法为基于径流序列的映射模型 M_3。后文中两阶段决策模型中的空间映射模型均采用 M_3。

5.4.3 有效预见期识别

为探究两阶段决策模型能够使水风光多能互补系统实现较优发电效益的有效预见期，研究两阶段决策模型在不同预报水平下的性能。本节采用两种误差演进规律的预报场景，模拟水风光互补系统长期运行，具体的误差演进模型包括线性误差演进模型（LEM）和组合误差演进模型（CEM）。

CEM 的误差演进规律为组合预报模型对风光出力及径流的预报误差演进规律。设置两个误差演进模型在首个预见期的平均相对误差（MARE）相同，具体以 LEM 首个预见期的 MARE 为基准，通过对 CEM 的 MARE 缩放一定比例实现，见式（5.40）。然后根据该比例对 CEM 第 2 到 12 个预见期的 MARE 依次进行缩放，见式（5.41）。

$$r^{\Phi}=\frac{\mathrm{MARE\_}L_1^{\Phi}}{\mathrm{MARE\_}C_1} \tag{5.40}$$

$$\mathrm{MARE\_}C_h^{\Phi}=\mathrm{MARE\_}C_h\times r^{\Phi},h=1,2,\cdots 12 \tag{5.41}$$

式中：Φ 为 LEM 预报误差标准差增长速率，表征预报不确定性；$\mathrm{MARE\_}L_1^{\Phi}$ 为误差增长速率为 Φ 时，LEM 第一个预见期的 MARE；$\mathrm{MARE\_}C_1$ 为 CEM 第 1 个预见期的 MARE；r^{Φ} 为当 LEM 预报误差标准差增长速率 Φ 时，CEM 的 MARE 缩放比例；$\mathrm{MARE\_}C_h$ 为 CEM 第 h 个预见期的 MARE；对各时段相应预见期 CEM 预报相对误差进行等比例缩放得到 $\mathrm{MARE\_}C_h^{\Phi}$，然后根据风光出力及径流的实际值反推求得各个时段的预报数据。

为讨论不同预报水平对两阶段决策模型有效预见期的影响，本节设置了不同的预报不确定性情景 Φ。为使预报不确定性与两阶段决策模型预见期利用长度之间的响应关系更加显著，本节生成的预报误差不考虑其上限的约束，即预报误差的标准差允许超过待预报变量本身的标准差 σ。具体地，预报不确定性情景 Φ（LEM 的误差标准差增长速率）依次设置为 0，0.05σ，0.1σ，0.2σ，0.3σ，0.5σ，0.7σ，1σ，1.3σ，1.6σ 和 2σ，分别采用线性误差演进模型和组合误差演进模型生成 1968 年 6 月至 2018 年 5 月各子系统的风电出力、光伏出力和径流的预报场景（简称线性预报场景、组合预报场景）。图 5.6 以锦一子系统风电出力、光伏出力和径流为例，显示了线性预报场景和组合预报场景的 MARE 在不同预报水平下随预见期的变化情况。线性预报场景的 MARE 随预见期的增长趋势比组合预报场景迅速，在相同初始预报精度的条件下，除第一个预见期，其余时段 MARE 均高于组合预报场景，并且随着预见期的增加，与组合误差演进模型的差距显著增大，远低于组合预报场景的精度。

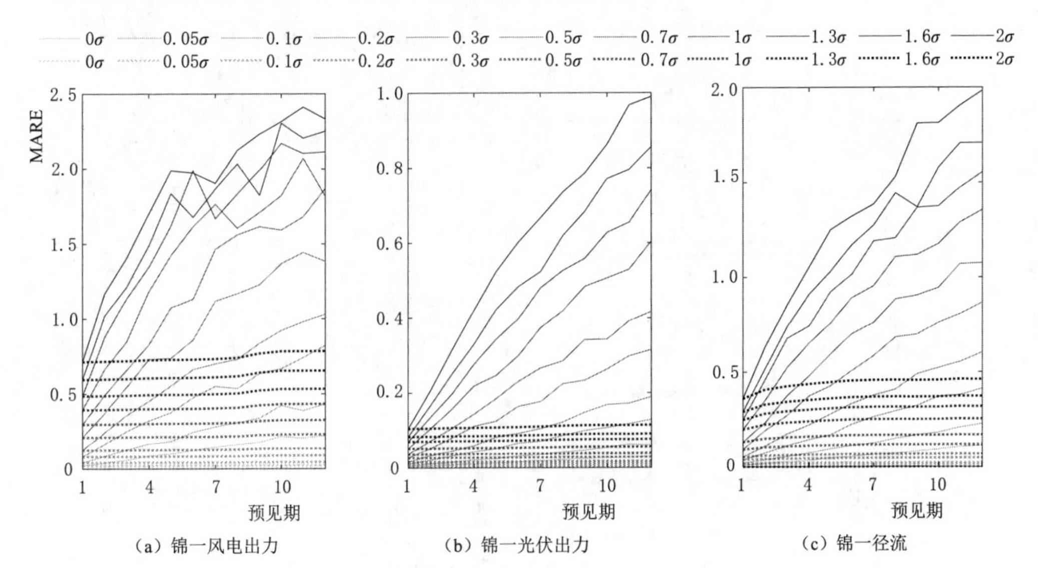

图 5.6 不同预报场景 MARE 随预见期的变化情况

（实线为线性预报场景，虚线为组合预报场景）

分别采用风光出力及径流的线性预报场景和组合预报场景作为两阶段决策模型预报信息，依次设置两阶段决策模型的预见期利用长度为 1～12 个月，模拟雅砻江下游水风光多能互补系统的长期调度，基于不同预报场景的两阶段决策模型结果如图 5.7 所示。

如图 5.7 所示，组合预报场景由于误差较小，其对应的互补系统平均出力普遍高于线性预报场景；两种预报场景首个预见期的 MARE 相同，因此仅利用一个时段预报信息时，两种预报场景下互补系统平均出力几乎相同。对于利用两个及以上时段的预报信息，两种预报场景下互补系统出力之间的差距随预报水平的降低先增大后减小。当预报水平为 0 和 0.05σ 时，线性预报场景的预报误差增加速率较小，与组合预报场景的误差接近，因此互补系统出力也接近；然而随着预报水平的降低，线性预报场景的误差增加速率加大，远大于组合预报场景，因此，基于两种预报场景的互补系统出力差距增加；随着预报水平继续降低，线性预报场景和组合预报场景的精度均较低，互补系统的发电效益都处在较低的水平。

同时，两阶段决策模型可以利用的预见期长度也随预报水平的降低而减少。线性预报场景下互补系统出力随预见期利用长度增加总体上呈现先增加后减小的趋势，当预报水平为 0.05σ 时，预见期利用长度超过 7 个月时互补系统出力呈现减小趋势；当预报水平为 0.1σ 和 0.2σ 时，预见期利用长度超过约 4 个月时

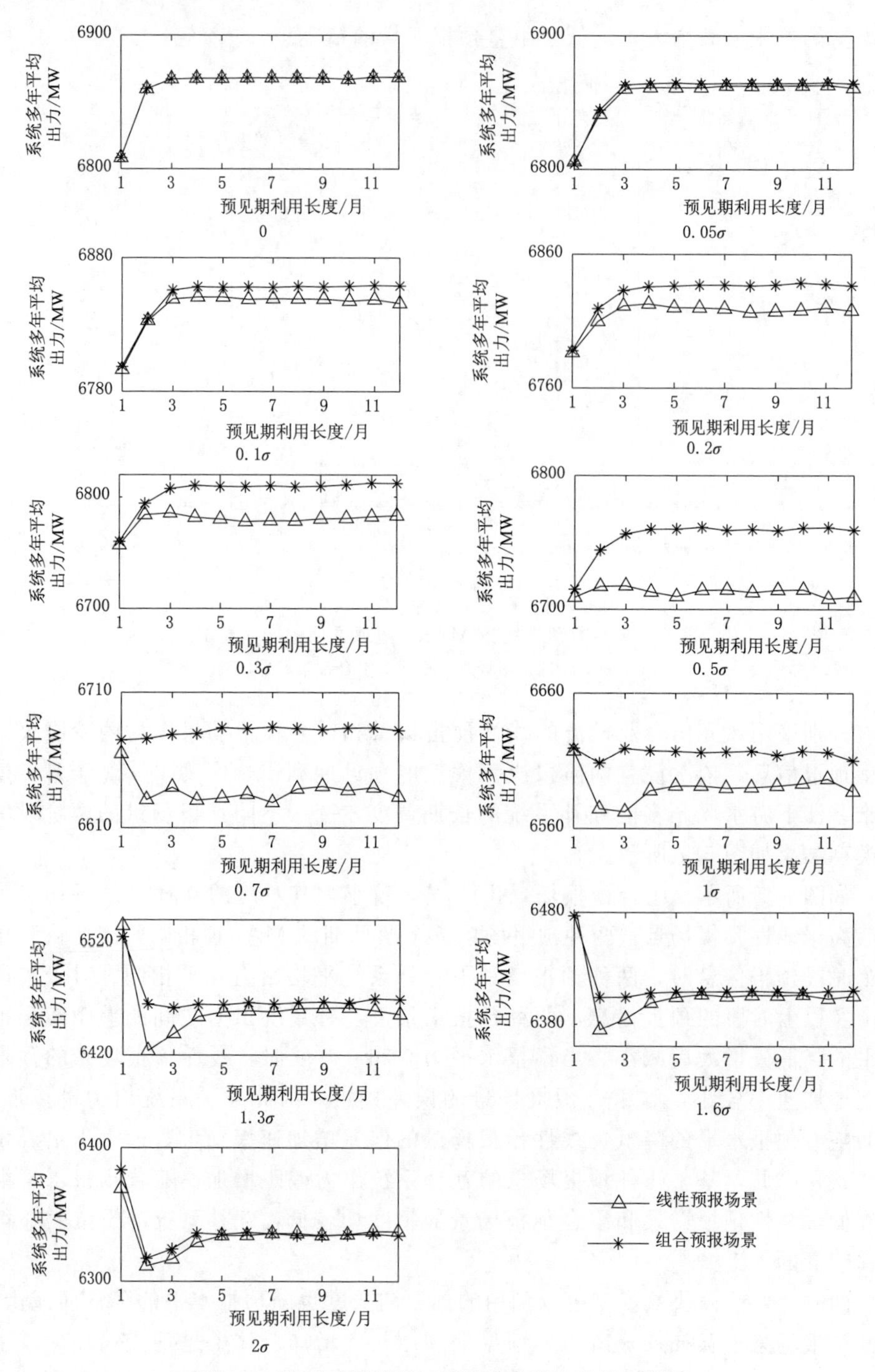

图 5.7　基于不同预报场景的两阶段决策模型结果

（随预见期利用长度的变化情况）

互补系统出力呈现减小趋势；随预报水平继续降低（0.3σ、0.5σ），预见期利用长度超过3个月时互补系统出力会减小。对于组合预报场景，当预报水平为0～0.7σ时，一般预见期利用长度超过3个月时互补系统平均出力较为平稳。当预报水平较低时（$\geqslant 1\sigma$），组合预报场景和线性预报场景的预见期利用长度均为1个月时，互补系统出力最高。另外，对于每一个预报水平，线性预报场景下的最大出力比最小出力高为0.14%～1.60%，组合预报场景高为0.14%～1.68%。对于预报水平分别为0.1σ、0.5σ、1σ和2σ时，线性预报场景对应的最大出力比完美预报分别低0.26%、2.20%、3.83%和7.07%，组合预报场景对应的最大出力比完美预报分别低0.14%、1.57%、3.63%和7.07%，这说明两阶段决策模型模拟的互补系统出力受预报水平的影响更大。

为进一步分析预见期利用长度对互补系统出力的影响，图5.8为不同预报水平下，两阶段决策模型预见期利用长度每增加一个时段，不确定性较小的组合预报场景相对于线性预报场景对互补系统出力的提升情况，反映两阶段决策模型中新增一个时段误差较小的预报信息比新增一个时段误差较大的预报信息对互补系统出力的贡献度，由于两个情景首个预见期的MARE相同，因此从预见期利用长度为2个时段开始进行出力贡献度的计算。

$$\begin{cases}A_R=(NC_R-NL_R)-(NC_{R-1}-NL_{R-1})\\A_2=NC_2-NL_2, R=2\sim 12\end{cases} \tag{5.42}$$

式中：NC_R和NL_R分别为两阶段决策模型预见期利用长度为R时，基于组合预报场景和基于线性预报场景的互补系统平均出力；A_R为两阶段决策模型预见期利用长度为R时，第R个时段的组合预报场景相对于线性预报场景的对互补系统出力的贡献度。

如图5.8所示，随预见期利用长度的增加，新增预见期对互补系统出力的影响迅速减小，当预见期利用长度大于3个时段时，新增预见期贡献度在0附近上下波动，尽管组合预报场景的误差明显小于线性预报场景，但并不能进一步提高互补系统效益，预见期较长的预报信息对互补系统发电效益并不敏感。对于预报水平较低的情况（$>1\sigma$），由于组合预报场景和线性预报场景的精度均很低，组合预报场景的出力贡献度在第3个预见期降为负值，且波动幅度较为明显，较大预报不确定性对互补系统出力的影响较为随机。

总体上，针对本书所提的预报数据驱动的两阶段决策模型，互补系统出力受预见期较长的预报数据影响较小，预见期的边际效应迅速降低。由于在实际预报中，几乎不会发生预报误差标准差大于1σ的情况，两阶段决策模型的预见期利用长度为3个月时，能够使互补系统取得较优的发电效益，因此，设置雅砻江下游水风光多能互补系统两阶段决策模型的有效预见期为3个月。

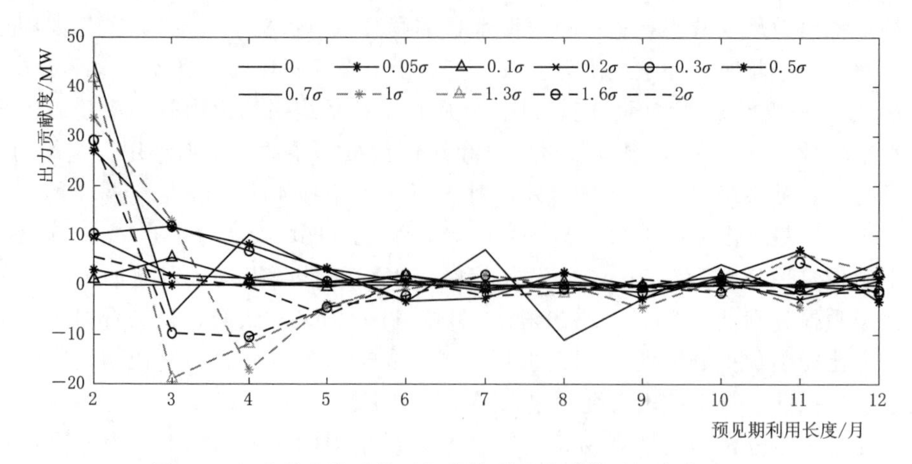

图5.8 组合误差演进模型与线性误差演进模型调度实验对比

5.4.4 调度图与两阶段决策模型适用性

本节研究不同预报水平下，调度图和两阶段决策模型对水风光多能互补系统适用情况。其中，调度图包括常规优化调度图（调度图Ⅰ）；考虑风电出力和光伏出力预报信息的单判别因子预报调度图（调度图Ⅱ）；考虑风电出力、光伏出力及径流预报信息的双判别因子预报调度图（调度图Ⅲ），如图3.10所示。调度图Ⅰ基于面临时段水库水位状态进行决策，未考虑预报数据；调度图Ⅱ和调度图Ⅲ基于面临时刻水库水位状态和面临时段的预报信息进行决策。两阶段决策模型基于面临时段水库水位状态和未来3个时段的预报信息进行决策。为使调度图和两阶段决策模型输入的预报数据保持一致，设置两阶段决策模型a，仅采用第1个预见期的预报数据，面临时段末的余留期能量曲面为该时刻对应余留期能量曲面簇的期望值；两阶段决策模型b则采用3个预见期的预报数据，见表5.1。

表5.1 调度图和两阶段决策模型预报数据输入情况

	预报数据	预见期利用长度
调度图Ⅰ	—	—
调度图Ⅱ	风电出力、光伏出力	1个时段
调度图Ⅲ	风电出力、光伏出力、入库径流	1个时段
两阶段决策模型a	风电出力、光伏出力、入库径流	1个时段
两阶段决策模型b	风电出力、光伏出力、入库径流	3个时段

考虑到预报误差演进规律的普遍性，采用的预报数据为线性误差演进模型生成的不同预报水平下的风电出力、光伏出力和径流预报场景（图5.4）。在不同调度方式指导下，雅砻江下游水风光多能互补系统多年平均出力随预报水平的变化情况如图5.9所示。

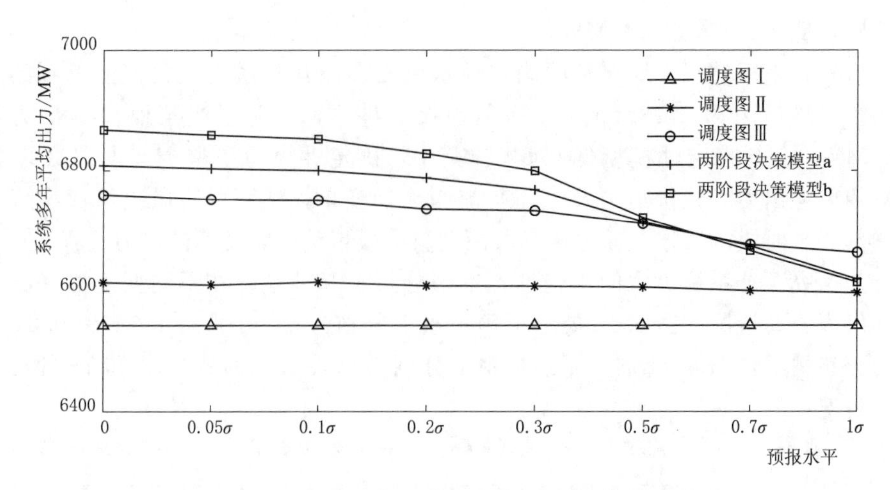

图 5.9 互补系统多年平均出力随预报水平的变化情况

在调度图和两阶段决策模型指导下的互补系统多年平均出力均随着预报水平降低而降低，总体上，不同调度方式模拟的互补系统出力关系为：调度图Ⅰ＜调度图Ⅱ＜调度图Ⅲ＜两阶段决策模型 a＜两阶段决策模型 b。调度图Ⅰ由于不考虑预报信息，在其指导下，互补系统多年平均出力定值为 6543MW，不随预报水平发生改变；调度图Ⅱ考虑到当前决策时段的风电出力及光伏出力预报信息，其多年平均出力比调度图Ⅰ高约 1.0%，并随预报水平的降低基本上呈现缓慢下降的趋势，说明风电出力和光伏出力的预报水平对互补系统效益的影响并不敏感；调度图Ⅲ除了考虑风电出力和光伏出力预报，同时考虑了当前决策时段的径流预报，互补系统平均出力进一步提高（平均比调度图Ⅰ高约 2.7%），并随着预报水平的降低明显减小，由于在本实例中互补系统的平均风电出力、光伏出力与水电出力之比约为 0.17∶0.13∶1，风电出力和光伏出力所占比重较小，因此径流预报会对互补系统出力产生较大的影响。

对于两阶段决策模型 a，其使用的预报数据与调度图Ⅲ相同，均采用当前决策时段的风电出力、光伏出力和径流预报。当预报水平较高时（$<0.5\sigma$），两阶段决策模型 a 的互补系统平均出力高于调度图Ⅲ，在完美预报（0）条件下，其互补系统出力比调度图Ⅲ高约 0.7%；当预报水平较低时（$>0.5\sigma$），两阶段决策模型 a 的互补系统平均出力略低于调度图Ⅲ，约 0.3%，说明相对于调度图，两阶段决策模型对预报水平的敏感程度更高。当两阶段决策模型的预见期利用为 3 个时段，即两阶段决策模型 b，预报水平较高时，其互补系统平均出力在两阶段决策模型 a 的基础上进一步提升。显然，由于利用的预报信息增加，两阶段决策模型 b 对预报水平的敏感程度也更高，其互补系统平均出力随预报水平的降低速率大于两阶段决策模型 a，预报水平由完美预报到 1σ，互补系统平均出力分别降低 253MW 和 188MW。

另外，采用动态规划求解的确定性水风光多能互补系统优化模型得到的互补系统平均出力为 6928MW，在完美预报条件下，两阶段决策模型 b 出力为 6867MW，仅比确定性模型低 0.8%。其中，确定性模型中整个调度期（共 50 年）的风电出力、光伏出力及入库径流为已知变量，然而两阶段决策模型仅已知局部 3 个时段的数据，通过逐时段滚动决策模拟整个调度期的出力过程。

为探究互补系统出力的稳定性，本书分析了互补系统在不同调度方式指导下的出力分布情况，图 5.10 展示了预报水平分别为 0、0.05σ、0.1σ 和 0.2σ 的出力分布情况，图 5.11 展示了预报水平分别为 0.3σ、0.5σ、0.7σ 和 1σ 的出力分布情况。

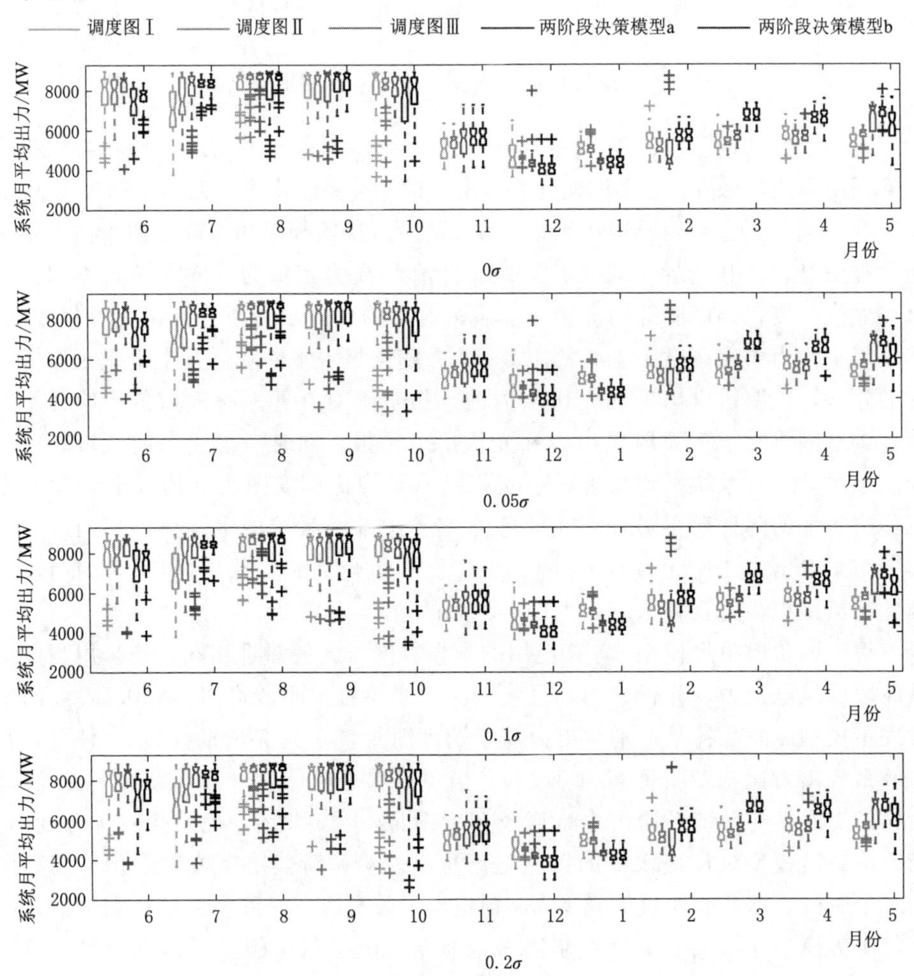

图 5.10　采用不同调度模型的互补系统出力分布情况（一）

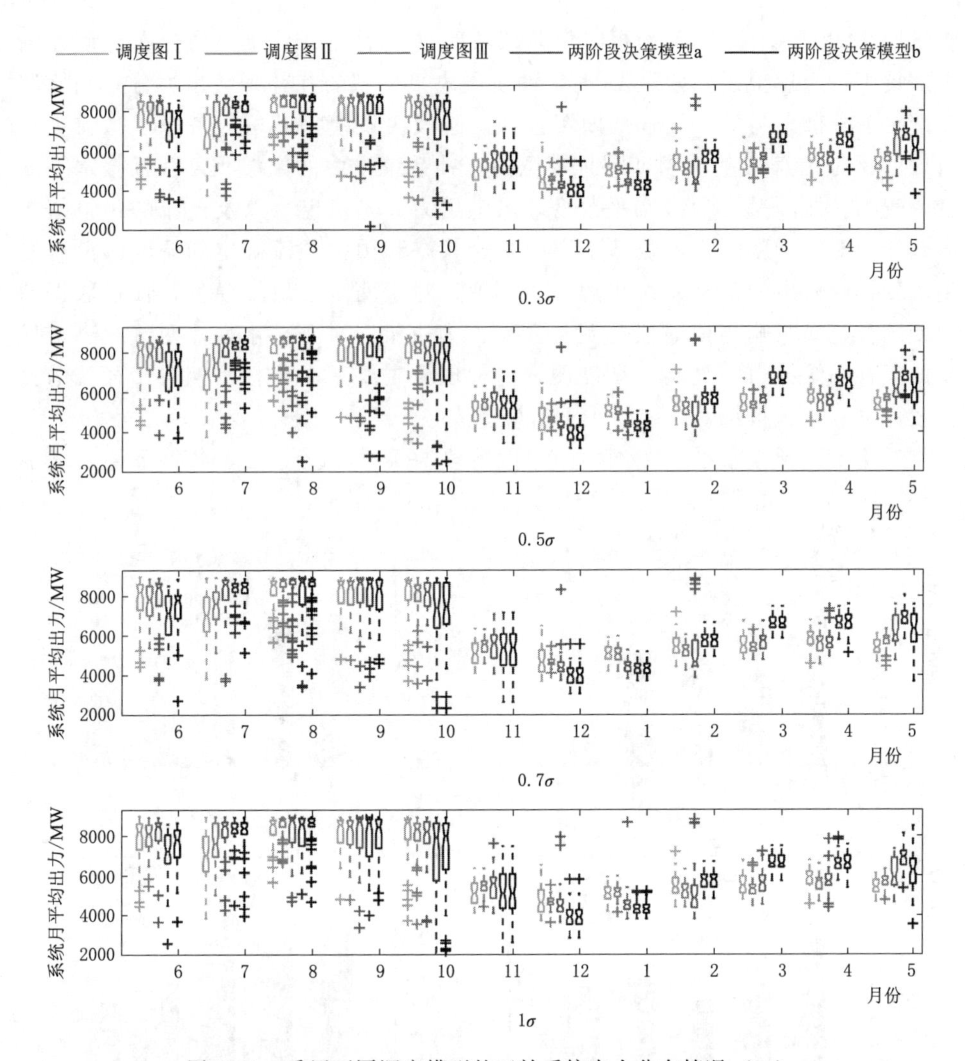

图 5.11 采用不同调度模型的互补系统出力分布情况（二）

在调度图和两阶段决策模型的指导下，水风光多能互补系统出力在汛期（6—11 月）的离散程度远高于枯水期（12 月至次年 5 月），由于汛期径流较大且变动幅度大，因此导致汛期的出力离散程度较大。对于调度图Ⅰ，由于不考虑预报数据，其指导下的互补系统出力的离散程度不随预报水平变化而变化；对于其他四种调度模型指导下的水风光多能互补系统出力，其离散程度随着预报水平的降低而增加，离散程度变化幅度为：调度图Ⅱ<调度图Ⅲ<两阶段决策模型 a<两阶段决策模型 b。其中，预报水平为 1σ 时互补系统出力的四分位距比完美预报（0）条件下分别增加 36MW、161MW、274MW 和 327MW，两阶段决策模型模拟的互补系统出力的离散程度增加幅度明显高于调度图。特别是

在汛期，例如 9 月，完美预报时两阶段决策模型的互补系统出力分布比调度图更加集中，当预报误差增至 1σ 时，两阶段决策模型的互补系统出力分布则比调度图更加分散。另外，尽管调度图Ⅲ和两阶段决策模型 a 均只考虑了当前决策时段的预报信息，基于调度图Ⅲ模拟的互补系统出力的离散程度随预报水平的变幅较小。原因是当预报水平改变，风电出力、光伏出力以及径流的预报值相应改变，对于调度图Ⅲ，若基于当前水库状态和预报径流确定的调度区没有发生改变，则做出的互补系统出力决策不变；对于两阶段决策模型，预报数据的改变则会直接影响当前时段的互补系统出力决策。对于枯水期，两阶段决策模型的互补系统出力明显高于调度图，这种现象主要是由于枯水期对于径流的预报较为准确，预报绝对误差远小于汛期造成。

对于不同预报水平，在调度图与两阶段决策模型指导下，各保证率对应的互补系统出力变化情况如图 5.12 所示。

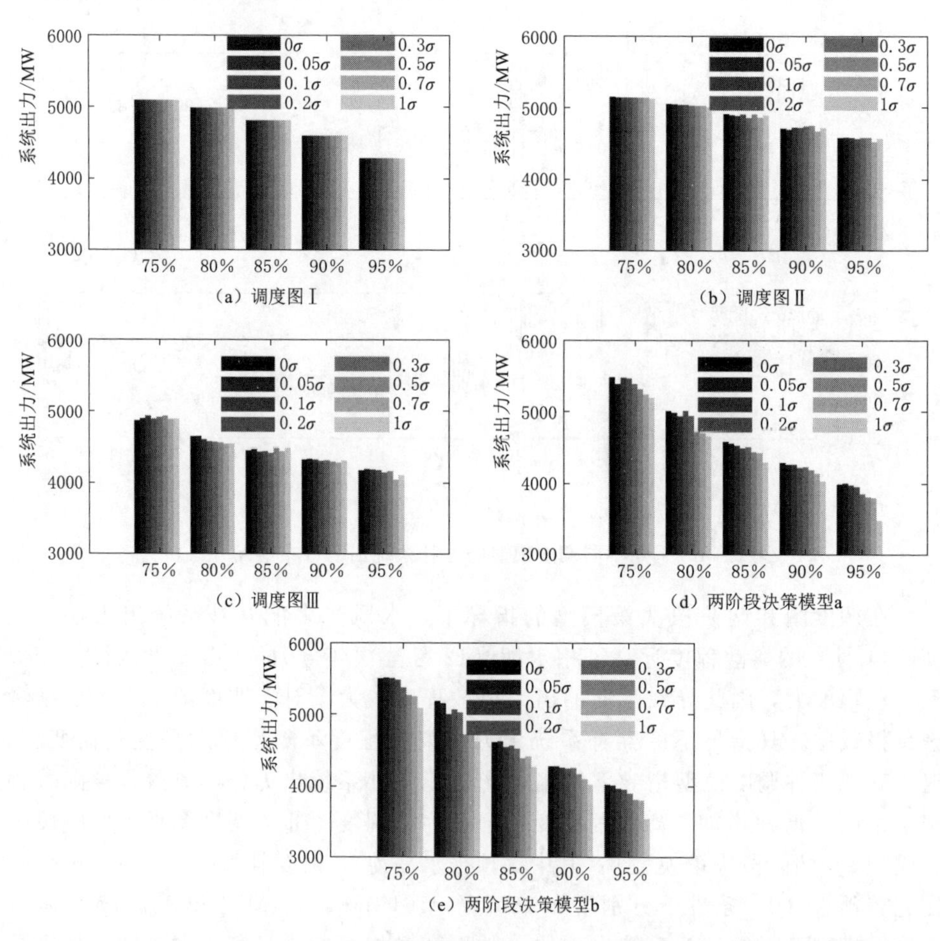

图 5.12　各保证率对应的互补系统出力变化情况

总体上，在同一保证率要求下，预报水平降低，其对应的互补系统出力有所减小。对于调度图Ⅱ和调度图Ⅲ，预报水平的变化对不同保证率对应互补系统出力的变化影响较小，变化幅度并不大，例如，保证率为95%时，完美预报比预报水平为1σ时分别提高约20MW和25MW。对于两阶段决策模型a和两阶段决策模型b，不同保证率对应的互补系统出力值随预报水平的提高明显增加，例如，保证率为95%时，完美预报比预报水平为1σ时分别提高约339MW和414MW。

保证率要求越高则对应互补系统出力值越小。对于调度图Ⅱ，不同保证率对应的出力均比调度图Ⅰ高，增加幅度随保证率提高而增大，保证率为75%时对应互补系统出力比调度图Ⅰ增加约50MW，保证率为95%时对应互补系统出力增加约290MW，说明在调度图中结合风电出力和光伏出力预报信息有利于提高互补系统出力的可靠性。对于调度图Ⅲ，相比较调度图Ⅰ，各个保证率对应互补系统出力均有所降低，即在调度图中考虑径流的预报尽管能够有效提高互补系统的平均出力（图5.9），但会降低互补系统的可靠性。对于两阶段决策模型a和两阶段决策模型b，当保证率要求较低时（75%、80%），其对应的互补系统出力比调度图有所提高，特别是在预报水平较高的情况下（$<0.3\sigma$），两阶段决策模型a和两阶段决策模型b在保证率要求为75%时，其对应互补系统出力比调度图Ⅱ分别提高约6%和7%；然而，当保证率要求较高时（90%、95%），调度图Ⅱ对应的保证出力通常要高于两阶段决策模型。另外，在预报水平较高的情况下（$<0.3\sigma$）两阶段决策模型b由于考虑了3个时段的预报数据，其不同保证率要求下对应的互补系统出力略高于两阶段决策模型a。

总体上，相比较调度图，两阶段决策模型对预报水平的敏感性更高。当预报水平较高时，基于两阶段决策模型的互补系统出力较高，同时不同保证率对应出力也较高，特别是保证率要求不高的情况。调度图则能适应预报水平不高的情况，其中考虑风电出力和光伏出力预报的调度图Ⅱ能有效提高互补系统在不同保证率要求的出力。通过评估所使用的预报信息的预报水平，根据互补系统对发电效益和保证率的要求，可建立适当的长期调度决策方式。

5.5 本章小结

本章深入研究不同预报水平下水风光多能互补系统的长期调度，分析不确定性条件下调度图与两阶段决策模型的适用性。主要研究成果和结论包括：

（1）建立基于不同映射模型和不同预见期的两阶段调度模拟模型，以提高预报信息的利用水平。基于径流序列的映射模型能得到代表性较好的余留期能量曲面，使得两阶段决策模型模拟的互补系统出力较高；两阶段决策模型对近期预报数据更加敏感，预见期的边际效应显著降低，确定其有效预见期为3个月。

（2）在不同预报水平下，基于调度图和两阶段决策模型分别模拟水风光多能互补系统的调度过程。两阶段决策模型和调度图模拟的互补系统出力均随着预报水平降低而降低，两阶段决策模型对预报水平的敏感性较高。

（3）调度图能够适用于预报水平较低的情况，考虑风光出力和径流预报的双判别因子预报调度图对应的互补系统出力高于两阶段决策模型；调度图在系统出力可靠性方面表现较好，考虑风光出力预报的单判别预报因子调度图能有效提高不同保证率对应的系统出力。

本章主要创新点：建立了基于不同映射模型和不同预见期的两阶段调度模拟模型，提出了基于径流序列空间映射模型的预报信息利用方式和有效预见期；分析了不同预报水平下基于调度图和两阶段决策模型的水风光多能互补系统的发电效益及可靠性，揭示了预报不确定性对互补系统长期调度的影响，探讨了调度图和两阶段决策模型的适用性，为不同预报水平下的互补系统长期调度方法选择提供依据。

第6章　总结与展望

6.1　总结

依托大型梯级水电站发展大规模水风光多能互补系统，是提高新能源发电质量、解决清洁能源消纳难题的创新模式。针对水风光多能互补系统中的预报和调度两大难题，本书开展大规模风光接入背景下梯级水库长期调度方式研究。首先，分析水风光资源在中长期尺度的资源和出力特性，建立风光出力和径流的长期预报模型。其次，研究大规模风光接入下的梯级水电站调度图的形式和绘制方法，提出多能互补系统长期调度规则；建立预报信息驱动的水风光多能互补系统两阶段决策模型，解决互补系统近期效益和长期效益难以协调的问题，实现长期调度决策生成和滚动更新。最后，分析预报不确定性对多能互补系统发电效益和可靠性的影响，评估不同预报水平下调度图和两阶段决策模型的适用性。

6.1.1　本书主要研究成果和结论

1. 流域水风光能资源特性分析及风光出力和径流预报研究

基于水风光多能互补系统中风光电站和水电站之间的电力联系，将风电站、光伏电站进行片区划分，形成“全系统—子系统—电站”的分区分级模式，针对各子系统，建立中长期尺度的风速、辐射强度及径流概率分布模型，基于出力波动量分析风电出力、光伏出力和水电出力的互补特性。研究季节差分自回归-滑动平均模型（SARIMA）、随机森林模型（RF）和长短时记忆神经网络模型（LSTM）预报性能，建立适合风电出力、光伏出力和径流的组合预报模型。研究表明：①指数威布尔分布、逆高斯分布和P-Ⅲ型分布能描述各子系统风速、辐射强度及入库径流的概率分布特性；三个子系统的风光出力与水电出力均存在互补性，官地子系统互补性最显著；②采用SARIMA模型、RF模型和LSTM模型对各子系统的风电出力、光伏出力及径流预报的结果显示LSTM的预报精度较高且随着预见期衰减较慢，RF和SARIMA对枯水期径流有较好的预报效果；③提出的组合预报模型结合LSTM长期记忆和SARIMA快速调节的优势，能够进一步提高预报精度，与单一预报模型相比，有78%的预报变量MARE达到最小值，其余为次小值。

2. 大规模风光接入背景下水库调度图研究

针对大规模风电出力和光伏出力接入到梯级水电站打捆外送的情况，提出了风光接入背景下的水库调度图形式，以常规调度图为基础分别设计了考虑风光出力预报的单判别因子预报调度图，以及考虑风光出力及径流预报的双判别因子预报调度图。提出长短期水电折算函数，在调度图指导的长期调度中考虑因尺度坦化作用而忽略的水电损失。以水风光多能互补系统发电效益最大为目标建立调度图优化模型，并采用SA与SCSAHE法嵌套的双层求解方法进行求解。研究表明：①调度图优化使得调度线下移，加大出力区范围增加，使得水电在汛期末也可以根据风光出力和径流形势继续保持较高出力运行；②风光出力对互补系统枯水期的电量补偿效益明显，枯水期接入风光出力为1717MW，汛期由于风光出力会挤占原水电的输送通道，其补偿出力较小，为806MW；③考虑风光出力预报的单判别因子预报调度图不仅能够提高风光混合系统发电量，同时能够提高不同保证率对应的系统出力，提高系统的可靠性；④相比风光出力预报，径流预报能够更有效地提高水风光多能系统中长期调度的电量效益，相比较常规优化调度图，单判别因子预报调度图使得水风光系统平均出力增加1.19%，而考虑风光出力及径流预报的双判别因子调度图增加3.43%。

3. 预报信息驱动的水风光多能互补系统两阶段决策研究

为有效兼顾水风光多能互补系统的近期效益和远期效益，制订合适的梯级水库水位控制计划，提出预报信息驱动的水风光多能互补系统两阶段决策模型。通过引入梯级水库库容控制，将多阶段决策问题转化为包含面临阶段和余留期的两阶段决策问题。提出考虑风光出力、来水形势和水库蓄水状态的余留期能量曲面，以量化多能系统的余留期效益；以发电系统当前时段效益和余留期效益组成的全景效益（发电量）最大化为目标，建立基于余留期能量曲面的两阶段决策模型；对比分析互补系统的长期优化和常规调度过程，研究大规模风光接入后系统发电效益和梯级水库水位控制运用策略等方面的变化。研究表明：①余留期能量曲面与余留库容、未来水风光能量输入成正比，从汛期到枯水期，余留期能量曲面由凸曲面向近似平面过渡；②基于预报信息驱动的水风光多能互补系统两阶段决策模型能够有效提高系统的发电效益，系统多年平均出力比常规调度提高约10.7%；③对于两阶段决策模型优化调度，风光出力接入使得锦一水库和二滩水库消落时机提前，消落深度分别增加约9m和2m。由于风光出力占用了部分原来水电的输送通道，会使水电站产生弃电，梯级水电站水库通过提前消落，加深消落深度，降低汛前水位，来减少水电弃电，缓解汛期弃水压力。

4. 探讨预报不确定性对水风光多能互补系统长期调度发电效益和可靠性的影响

建立水风光多能源预报误差演进模型，生成不同预报水平的预报场景；针对两阶段决策模型中余留期能量曲面的确定，提出基于水风光能量累计值、水风光能量序列和径流序列的三种映射模型，并分别结合不同的预见期利用长度进行两阶段决策模型模拟调度，确定预报信息的利用方式和有效预见期。分析不同预报水平下基于调度图和两阶段决策模型的水风光多能互补系统的发电效益及可靠性，探究调度图和两阶段决策模型的适用性。研究表明：①入库径流序列特征能够较好的代表余留期能量曲面，在不同预报水平下，基于径流序列映射模型，使得系统的出力普遍高于基于水风光能量序列的映射模型和基于水风光能量累计值的映射模型；②两阶段决策模型对近期预报数据更加敏感，随着两阶段决策模型预见期利用长度的增加，系统发电效益的增加幅度迅速减小，预见期的边际效应显著降低，基于水风光多能互补系统能够实现较优发电效益的原则，确定其有效预见期为 3 个月；③调度图和两阶段决策模型指导的水风光发电系统出力均随着预报水平降低而降低，两阶段决策模型对预报水平的敏感性较高，对于预报水平较高时，两阶段决策模型指导的系统平均出力明显高于调度图，但随着预报水平降低，两阶段决策模型系统出力显著减小，且其分布离散程度增加较快；④调度图在系统出力可靠性方面表现较好，能够适应预报水平不高的情况，考虑风电出力和光伏出力预报的单判别因子调度图能有效提高不同保证率对应的系统出力。

6.1.2 本书的主要创新点

1. 提出了多模型组合长期预报方法，充分发挥不同预报模型的优势，提高了风电出力、光伏出力和径流预报的精度与可靠性

单一预报模型通常不能同时适应风、光出力和径流预报，为了充分发挥不同预报模型在不同资源类型、季节、预见期的预报优势，本书分别建立季节差分自回归-滑动平均模型（SARIMA）、随机森林模型（RF）和长短时记忆神经网络模型（LSTM），根据各模型在不同条件下的预报精度，提出了组合预报模型，发挥了 SARIMA 与 RF 的快速调节优势和 LSTM 的长期记忆功能，提高了风电出力、光伏出力和径流的预报精度。此外，该组合预报模型具有良好的拓展性和适应性，可根据地区特性和预报要求，进一步拓展接入其他预报模型，提升预报的精度和可靠性。

2. 提出了水风光多能互补系统调度图形式和绘制方法，充分利用风电出力、光伏出力和径流预报信息，建立了多能互补系统梯级水库控制运用规则

水风光多能互补运行条件下梯级水库长期调度运用方式将发生改变，传统水库调度图的形式和方法无法适用于多能互补系统。本书以水风光联合出力作为调度区决策，将水库水位与入库径流转化成水库蓄水量，提出了结合风光出力和径流预报信息的调度图形式；建立了梯级水库调度图优化模型，提出了大规模风光接入下梯级水库长期控制运用规则，有效提高了水风光多能互补系统

的发电效益。

3. 提出了预报信息驱动的水风光多能互补两阶段决策模型，推导了风光接入下的余留期能量曲面，以定量表征未来不同蓄水量、风光出力、径流形势对应的发电效益

如何根据有限的预报信息，协调多能互补系统近期和远期发电效益是长期优化调度的关键。本书推导了水风光余留期能量曲面，定量表征余留期不同水库蓄水量、风光出力、入库径流形势所能产生的发电效益，实现了面临时段和未来余留时段发电效益的平衡。将传统水库两阶段决策拓展到水风光多能互补系统，建立预报信息驱动的水风光多能互补两阶段决策模型，实现了有限预报信息情况下梯级水库长期优化调度和滚动决策。

4. 提出了基于径流序列空间映射模型的预报信息利用方式，揭示了预报不确定性对多能互补系统发电效益和可靠性的影响

本书建立了基于不同映射模型和不同预见期的两阶段调度模拟模型，提出了基于径流序列空间映射模型的预报信息利用方式和有效预见期；分析了不同预报水平下基于调度图和两阶段决策模型的水风光多能互补系统的发电效益及可靠性，揭示了预报不确定性对互补系统长期调度的影响，探讨了调度图和两阶段决策模型的适用性，为不同预报水平下的互补系统长期调度方法选择提供依据。

6.2 展望

大规模水风光多能互补是一种创新型、探索式的可再生能源开发利用模式，涉及水利水电、电网、新能源、系统优化等诸多领域，具有多学科交叉和融合的特点。本书从流域水电的角度，在传统水电调度理论的基础上，考虑风力发电和光伏发电的随机特性，对水风光多能互补长期调度运行进行了初步研究，取得了一些研究成果。围绕水风光多能互补优化调度问题，今后可从以下几个方面开展进一步的深入研究：

(1) 研究各种先进的预测手段与多能互补调度的有效衔接方式。风光出力及径流预测的不确定性表征是实现优化调度的基础，本书运用SARIMA、RF和LSTM对风光出力和径流进行预报并基于预报模型的预报性能形成组合预报模型，是一种单一值预报方式。未来可进一步研究概率预报、集合预报等各种先进的预测手段与优化调度的有效衔接方式，既能准确刻画风电、光电等预测的不确定性，又能有效减轻优化调度的计算负担。

(2) 本书主要对水风光多能互补系统的长期优化调度进行了研究，给出了考虑预报不确定性的多能源互补长期调度策略，实际上互补系统的运行是多尺

度序贯决策过程，单一时间尺度或者局部的协同控制无法确保整个互补系统的运行效益达到最优。下一步工作可围绕多尺度嵌套调度方面展开，研究不同时间尺度调度模型在目标和方式间的协同关系，以及各级模型间的逐层控制策略和信息反馈机制。

（3）本书站在电源侧角度，基于优先促进新能源消纳的原则，对于水风光多能互补长期调度的研究主要考虑风光优先接入的情况，未涉及电力市场的影响，且仅采用雅砻江流域水风光系统规划的风光接入比例一种情况进行研究。未来可进一步结合电力市场因素，综合考虑不同的风电、光电、水电接入电网比例，研究水风光多能互补系统在市场竞争环境下调度规则和调度策略。

参考文献

[1] IRENA. Renewable Energy Statistics 2021 The International Renewable Energy Agency [R]. Abu Dhabi，2021.

[2] 程春田. 碳中和下的水电角色重塑及其关键问题 [J]. 电力系统自动化，2021：1-10.

[3] 张玉胜. 水电互补型清洁能源系统容量配置与优化运行研究 [D]. 天津：天津大学，2020.

[4] DAS U K，TEY K S，SEYEDMAHMOUDIAN M，et al. Forecasting of photovoltaic power generation and model optimization：A review [J]. Renewable and Sustainable Energy Reviews，2018，81：912-928.

[5] 熊图. 运用广义回归神经网络预测风电场功率 [J]. 电网与清洁能源，2014，30 (1)：109-113.

[6] 高相铭，杨世凤，潘三博. 基于 EMD 和 ABC-SVM 的光伏并网系统输出功率预测研究 [J]. 电力系统保护与控制，2015，43 (21)：86-92.

[7] 丁明，张立军，吴义纯. 基于时间序列分析的风电场风速预测模型 [J]. 电力自动化设备，2005，25 (8)：32-34.

[8] MONDOL J D，YOHANIS Y G，NORTON B. Solar radiation modelling for the simulation of photovoltaic systems [J]. Renewable Energy，2008，33 (5)：1109-1120.

[9] 阎洁. 风电功率预测不确定性及电力系统经济调度 [D]. 北京：华北电力大学（北京），2016.

[10] 苏鹏宇. 考虑风速变化模式的风速预报方法研究 [D]. 哈尔滨：哈尔滨工业大学，2013.

[11] 李芬，陈正洪，成驰，等. 太阳能光伏发电量预报方法的发展 [J]. 气候变化研究进展，2011，07 (2)：136-142.

[12] WANG F，ZHEN Z，LIU C，et al. Image phase shift invariance based cloud motion displacement vector calculation method for ultra-short-term solar PV power forecasting [J]. Energy Conversion and Management，2018，157 (FEB.)：123-135.

[13] 黄磊，舒杰，姜桂秀，等. 基于多维时间序列局部支持向量回归的微网光伏发电预测 [J]. 电力系统自动化，2014 (5)：19-24.

[14] 周泽虹. 基于机器学习的风电场功率预测研究 [D]. 南京：南京师范大学，2017.

[15] 孟鑫禹，王睿涵，张喜平，等. 基于经验模态分解与多分支神经网络的超短期风功率预测 [J]. 计算机应用，2021，41 (1)：237-242.

[16] HAMLET A F，LETTENMAIER D P. Columbia River streamflow forecasting based on ENSO and PDO climate signals [J]. Journal of Water Resources Planning and Management-Asce，1999，125 (6)：333-341.

[17] WHITAKER D W, WASIMI S A, ISLAM S. The El Nino - Southern Oscillation and long - range forecasting of flows in the Ganges [J]. International Journal of Climatology, 2001, 21 (1): 77 - 87.

[18] 吕爱锋，贾绍凤，王素慧，等. PDO 和 ENSO 指数与三江源地区径流变化的相关关系研究 [J]. 南水北调与水利科技，2010，8 (2)：49 - 52.

[19] 刘勇. 基于物理成因的中长期水文预报方法与应用研究 [D]. 南京：河海大学，2011.

[20] 王睿文. 东江水库中长期径流预报方法研究 [D]. 武汉：华中科技大学，2017.

[21] 农振学. 赣江流域中长期径流预报研究 [D]. 邯郸：河北工程大学，2018.

[22] 石继海，宋松柏，李航. 中长期径流预报模型优选研究 [J]. 西北农林科技大学学报(自然科学版)，2019，47 (7)：147 - 154.

[23] BOX G E P, JENKINS G M, REINSEL G C. Time Series Analysis: Forecasting and Control [M]. San Francisco: Holden - Day, 1970.

[24] 汤家豪. 对于规则采样数据的非线性时间序列模型的述评 [J]. 数学进展，1989 (1)：22 - 43.

[25] 孟明星，王金文，黄真. 季节性 AR 模型在葛洲坝月径流预报中的应用 [J]. 吉林水利，2005 (1)：26 - 27，30.

[26] 徐敏，谢倩倩. 时间序列长度对基于 ARIMA 模型的月径流预报效果的影响分析 [J]. 长江大学学报（自科版)，2014，11 (34)：6 - 10，3.

[27] HSU K - L, GUPTA H V, SOROOSHIAN S. Artificial Neural Network Modeling of the Rainfall - Runoff Process [J]. Water Resources Research, 1995, 31 (10): 2517 - 2530.

[28] FARUK D O. A hybrid neural network and ARIMA model for water quality time series prediction [J]. Engineering Applications of Artificial Intelligence, 2010, 23 (4): 586 - 594.

[29] HUANG S Z, CHANG J X, HUANG Q, et al. Monthly streamflow prediction using modified EMD - based support vector machine [J]. Journal of Hydrology, 2014, 511: 764 - 775.

[30] 何昳颖，陈晓宏，张云，等. BP 人工神经网络在小流域径流模拟中的应用 [J]. 水文，2015，35 (5)：35 - 40，96.

[31] 左岗岗. 基于机器学习的渭河流域径流预测系统研究 [D]. 西安：西安理工大学，2017.

[32] 李伶杰，王银堂，胡庆芳，等. 基于随机森林与支持向量机的水库长期径流预报 [J]. 水利水运工程学报，2020 (4)：33 - 40.

[33] 冯锐. 基于 LSTM 模型的九龙江流域径流序列预测研究 [D]. 西安：长安大学，2019.

[34] TAN Q F, WEN X, FANG G H, et al. Long - term optimal operation of cascade hydropower stations based on the utility function of the carryover potential energy [J]. Journal of Hydrology, 2020, 580: 124359.

[35] 纪昌明，周婷，王丽萍，等. 水库水电站中长期隐随机优化调度综述 [J]. 电力系统自动化，2013，37 (16)：129 - 135.

[36] 刘攀，郭生练，郭富强，等. 清江梯级水库群联合优化调度图研究 [J]. 华中科技大学学报（自然科学版），2008 (7)：63 - 66.

[37] 石萍，纪昌明，李继伟，等. 基于规律的多年调节水库年末消落水位预测模型 [J]. 水力发电学报，2014，33 (2)：58 - 64.

[38] 黄炜斌，马光文，王和康，等. 混沌粒子群算法在水库中长期优化调度中的应用 [J]. 水力发电学报，2010，29 (1)：102 - 105.

[39] LI F F，QIU J. Multi - objective optimization for integrated hydro－photovoltaic power system [J]. Applied Energy，2016，167：377 - 384.

[40] SINGH R，BANERJEE R. Impact of large - scale rooftop solar PV integration：An algorithm for hydrothermal - solar scheduling (HTSS) [J]. Solar Energy，2017，157 (nov.)：988 - 1004.

[41] YANG Z，LIU P，CHENG L，et al. Deriving operating rules for a large - scale hydro - photovoltaic power system using implicit stochastic optimization [J]. Journal of Cleaner Production，2018，195：562 - 572.

[42] OPAN M，UNLU M，OZKALE C，et al. Optimal energy production from wind and hydroelectric power plants [J]. Energy Sources，2019，41 (18)：2219 - 2232.

[43] LIU W，ZHU F，CHEN J，et al. Multi - objective optimization scheduling of wind－photovoltaic－hydropower systems considering riverine ecosystem [J]. Energy Conversion & Management，2019，196：32 - 43.

[44] 李杏，孙春顺，陈浩，等. 基于随机规划的水风电联合优化运行研究 [J]. 电气技术，2013 (4)：29 - 32.

[45] 何钟南. 基于改进生物地理学优化算法的风-水电优化运行研究 [D]. 长沙：湖南大学，2018.

[46] 胡源，别朝红，宁光涛，等. 计及风电不确定性的多目标电网规划期望值模型与算法 [J]. 电工技术学报，2016，31 (10)：168 - 175.

[47] XU B，ZHU F，ZHONG P A，et al. Identifying long - term effects of using hydropower to complement wind power uncertainty through stochastic programming [J]. Applied Energy，2019，253：113535.

[48] LI H，LIU P，GUO S，et al. Long - term complementary operation of a large - scale hydro - photovoltaic hybrid power plant using explicit stochastic optimization [J]. Applied Energy，2019，238：863 - 875.

[49] 林弋莎，孙荣富，鲁宗相，等. 考虑中长期电量不确定性的可再生能源系统嵌套运行优化 [J]. 电网技术，2020，44 (9)：3272 - 3280.

[50] GLASNOVIC Z，MARGETA J. The features of sustainable Solar Hydroelectric Power Plant [J]. Renewable Energy，2009，34 (7)：1742 - 1751.

[51] TAN Q，WEN X，SUN Y，et al. Evaluation of the risk and benefit of the complementary operation of the large wind - photovoltaic - hydropower system considering forecast uncertainty [J]. Applied Energy，2021，285：116442.

[52] WANG X，VIRGUEZ E，XIAO W，et al. Clustering and dispatching hydro，wind，and photovoltaic power resources with multiobjective optimization of power generation

fluctuations：A case study in southwestern China [J]. Energy，2019，189：116250.

[53] 王开艳，罗先觉，贾嵘，等. 充分发挥多能互补作用的风蓄水火协调短期优化调度方法 [J]. 电网技术，2020，44 (10)：3631-3641.

[54] 张歆蒴，陈仕军，曾宏，等. 基于源荷匹配的异质能源互补发电调度 [J]. 电网技术，2020，44 (9)：3314-3320.

[55] 熊铜林. 流域水风光互补特性分析及联合发电随机优化协调调度研究 [D]. 长沙：长沙理工大学，2017.

[56] GHASEMI A，ENAYATZARE M. Optimal energy management of a renewable - based isolated microgrid with pumped - storage unit and demand response [J]. Renewable Energy，2018，123 (AUG.)：460-474.

[57] APOSTOLOPOULOU D，MCCULLOCH M. Optimal Short - Term Operation of a Cascaded Hydro - Solar Hybrid System：A Case Study in Kenya [J]. Ieee Transactions on Sustainable Energy，2019，10 (4)：1878-1889.

[58] YANG Y，ZHOU J，LIU G，et al. Multi - plan formulation of hydropower generation considering uncertainty of wind power [J]. Applied Energy，2020，260：114239.

[59] WANG X，CHANG J，MENG X，et al. Short - term hydro - thermal - wind - photovoltaic complementary operation of interconnected power systems [J]. Applied Energy，2018，229：945-962.

[60] 李铁，李正文，杨俊友，等. 计及调峰主动性的水风光火储多能系统互补协调优化调度 [J]. 电网技术，2020，44 (10)：3622-3630.

[61] ZARE O M，SADEGHI Y A. Scenario - based stochastic optimal operation of wind，photovoltaic，pump - storage hybrid system in frequency - based pricing [J]. Energy Conversion & Management，2015，105：1105-1114.

[62] MING B，LIU P，CHENG L，et al. Optimal daily generation scheduling of large hydro - photovoltaic hybrid power plants [J]. Energy Conversion and Management，2018，171：528-540.

[63] 李伟楠，王现勋，梅亚东，等. 基于趋势场景缩减的水风光协同运行随机模型 [J]. 华中科技大学学报 (自然科学版)，2019，47 (8)：120-127.

[64] ZHU F，ZHONG P A，XU B，et al. Short - term stochastic optimization of a hydro - wind - photovoltaic hybrid system under multiple uncertainties [J]. Energy Conversion and Management，2020，214：112902.

[65] 杨策，孙伟卿，韩冬，等. 考虑风电出力不确定的分布鲁棒经济调度 [J]. 电网技术，2020，44 (10)：3649-3655.

[66] 张梦然，钟平安，王振龙. 三峡水库发电优化调度分层嵌套模型研究 [J]. 水力发电，2013，39 (04)：65-68.

[67] 孙小梅. 水库预报调度过程化动态决策模式研究及系统实现 [D]. 西安：西安理工大学，2020.

[68] NAJL A A，HAGHIGHI A，SAMANI H M V. Simultaneous Optimization of Operating Rules and Rule Curves for Multireservoir Systems Using a Self - Adaptive Simulation - GA Model [J]. Journal of Water Resources Planning and Management，2016，142

(10)：04016041.

[69] 曾祥. 供水水库群联合调度规则表述形式及其最优性条件 [D]. 武汉：武汉大学，2015.

[70] 黄草，王忠静，鲁军，等. 长江上游水库群多目标优化调度模型及应用研究Ⅱ：水库群调度规则及蓄放次序 [J]. 水利学报，2014，45 (10)：1175-1183.

[71] 缪益平，魏鹏，陈飞翔，等. 雅砻江下游梯级水电站联合优化调度研究 [J]. 水力发电，2014，40 (5)：70-72.

[72] 周研来，郭生练，刘德地. 混联水库群的双量调度函数研究 [J]. 水力发电学报，2013，32 (3)：55-61.

[73] 余玉娇. 基于粒子群算法的水库调度函数的研究 [D]. 武汉：华中科技大学，2013.

[74] 郭玉雪，方国华，闻昕，等. 水电站分期发电调度规则提取方法 [J]. 水力发电学报，2019，38 (1)：20-31.

[75] KOUTSOYIANNIS D，ECONOMOU A. Evaluation of the parameterization-simulation-optimization approach for the control of reservoir systems [J]. Water Resources Research，2003，39 (6).

[76] 吴书悦，赵建世，雷晓辉，等. 气候变化对新安江水库调度影响与适应性对策 [J]. 水力发电学报，2017，36 (1)：50-58.

[77] 程春田，杨凤英，武新宇，等. 基于模拟逐次逼近算法的梯级水电站群优化调度图研究 [J]. 水力发电学报，2010，29 (6)：71-77.

[78] 王平.《水利工程水利计算规范》中水电站调度图编制方法探析 [J]. 水利技术监督，2018 (4)：1-7，26.

[79] OLIVEIRA R，LOUCKS D P. Operating rules for multireservoir systems [J]. Water Resources Research，1997，33 (4)：839-852.

[80] CHEN L，MCPHEE J，YEH W G. A diversified multiobjective GA for optimizing reservoir rule curves [J]. Advances in Water Resources，2007，30 (5)：1082-1093.

[81] CELESTE A B，BILLIB M. Evaluation of stochastic reservoir operation optimization models [J]. Advances in Water Resources，2009，32 (9)：1429-1443.

[82] TAGHIAN M，ROSBJERG D，HAGHIGHI A，et al. Optimization of conventional rule curves coupled with hedging rules for reservoir operation [J]. Journal of Water Resources Planning and Management，2013，140 (5)：693-698.

[83] ZHOU Y L，GUO S L. Incorporating ecological requirement into multipurpose reservoir operating rule curves for adaptation to climate change [J]. Journal of Hydrology，2013，498：153-164.

[84] 王旭，雷晓辉，蒋云钟，等. 基于可行空间搜索遗传算法的水库调度图优化 [J]. 水利学报，2013 (1)：26-34.

[85] 纪昌明，蒋志强，孙平，等. 李仙江流域梯级总出力调度图优化 [J]. 水利学报，2014 (2)：197-204.

[86] JIANG Z Q，JI C M，SUN P，et al. Total output operation chart optimization of cascade reservoirs and its application [J]. Energy Conversion and Management，2014，88：296-306.

[87] 徐炜. 考虑中期径流预报及其不确定性的水库群发电优化调度模型研究 [D]. 大连：大连理工大学，2014.

[88] YANG G，GUO S L，LI L P，et al. Multi-Objective Operating Rules for Danjiangkou Reservoir Under Climate Change [J]. Water Resources Management，2016，30 (3)：1183-1202.

[89] DING Z Y，FANG G H，WEN X，et al. Cascaded Hydropower Operation Chart Optimization Balancing Overall Ecological Benefits and Ecological Conservation in Hydrological Extremes Under Climate Change [J]. Water Resources Management，2020，34 (3)：1231-1246.

[90] 明波. 大规模水光互补系统全生命周期协同运行研究 [D]. 武汉：武汉大学，2019.

[91] 方国华. 水资源规划及利用（第三版）（原水利水能规划）[M]. 北京：中国水利水电出版社，2015.

[92] 李玮，郭生练，郭富强，等. 水电站水库群防洪补偿联合调度模型研究及应用 [J]. 水利学报，2007，38 (7)：826-831.

[93] 刘宁. 三峡-清江梯级电站联合优化调度研究 [J]. 水利学报，2008 (3)：264-271.

[94] 康传雄. 基于线性逼近与蓄水分配曲线的梯级水库优化调度研究 [D]. 武汉：华中科技大学，2018.

[95] 方国华，丁紫玉，黄显峰，等. 考虑河流生态保护的水电站水库优化调度研究 [J]. 水力发电学报，2018，37 (7)：1-9.

[96] 方国华，林泽昕，付晓敏，等. 梯级水库生态调度多目标混合蛙跳差分算法研究 [J]. 水资源与水工程学报，2017，28 (1)：69-73，80.

[97] 刘玒玒，汪妮，解建仓，等. 水库群供水优化调度的改进蚁群算法应用研究 [J]. 水力发电学报，2015，34 (2)：31-36.

[98] 王水花，张煜东，吉根林. 群智能算法的理论及应用综述 [J]. 南京师范大学学报（工程技术版），2014 (4)：31-38.

[99] 余建平，周新民，陈明. 群体智能典型算法研究综述 [J]. 计算机工程与应用，2010，46 (25)：1-4，74.

[100] 刘心愿，郭生练，刘攀，等. 基于总出力调度图与出力分配模型的梯级水电站优化调度规则研究 [J]. 水力发电学报，2009，28 (3)：26-31，51.

[101] 李想，魏加华，傅旭东. 粗粒度并行遗传算法在水库调度问题中的应用 [J]. 水力发电学报，2012，31 (4)：28-33.

[102] 明波，黄强，王义民，等. 基于改进布谷鸟算法的梯级水库优化调度研究 [J]. 水利学报，2015 (3)：341-349.

[103] 李荣波，纪昌明，孙平，等. 基于改进混合蛙跳算法的梯级水库优化调度 [J]. 长江科学院院报，2018，035 (6)：30-35.

[104] WILLIS R，FINNEY B A，CHU W S. Monte-Carlo Optimization for Reservoir Operation [J]. Water Resources Research，1984，20 (9)：1177-1182.

[105] STEDINGER J R，SULE B F，LOUCKS D P. Stochastic Dynamic-Programming Models for Reservoir Operation Optimization [J]. Water Resources Research，1984，20 (11)：1499-1505.

[106] KARAMOUZ M, VASILIADIS H V. Bayesian Stochastic Optimization of Reservoir Operation Using Uncertain Forecasts [J]. Water Resources Research, 1992, 28 (5): 1221 - 1232.

[107] MUJUMDAR P P, NIRMALA B. A bayesian stochastic optimization model for a multi - reservoir hydropower system [J]. Water Resources Management, 2007, 21 (9): 1465 - 1485.

[108] XU W, ZHANG C, PENG Y, et al. A two stage Bayesian stochastic optimization model for cascaded hydropower systems considering varying uncertainty of flow forecasts [J]. Water Resources Research, 2014, 50 (12): 9267 - 9286.

[109] LEI X H, TAN Q F, WANG X, et al. Stochastic optimal operation of reservoirs based on copula functions [J]. Journal of Hydrology, 2018, 557: 265 - 275.

[110] TAN Q F, WEN X, FANG G H, et al. Long - term optimal operation of cascade hydropower stations based on the utility function of the carryover potential energy [J]. Journal of Hydrology, 2020, 580.

[111] 杨明祥，王浩，蒋云钟，等. 基于数值模拟的雅砻江流域风能资源初步评估 [J]. 清华大学学报（自然科学版），2018，58 (1)：101 - 107.

[112] KISS P, JANOSI I M. Comprehensive empirical analysis of ERA - 40 surface wind speed distribution over Europe [J]. Energy Conversion and Management, 2008, 49 (8): 2142 - 2151.

[113] 王淼，曾利华. 风速频率分布模型的研究 [J]. 水力发电学报，2011，30 (6)：204 - 209.

[114] 胡毅，张健. 风资源评估中风速分布方法研究 [J]. 内蒙古科技与经济，2010 (21)：76 - 78.

[115] 李慧，孙宏斌，张芳. 风电场风速分布模型研究综述 [J]. 电工电能新技术，2014，33 (8)：62 - 66.

[116] LING D, HUANG H Z, LIU Y. A Method for Parameter Estimation of Mixed Weibull Distribution [J]. Annual Reliability and Maintainability Symposium, 2009 Proceedings, 2009: 129 - 133.

[117] 中国气象局. 太阳能资源评估方法：GB/T 37526—2019 [S]. 北京：中国标准出版社，2019.

[118] 胡亚男，李兴华，郝玉珠. 内蒙古太阳能资源时空分布特征与评估研究 [J]. 干旱区资源与环境，2019，33 (12)：132 - 138.

[119] 梁双，胡学浩，张东霞，等. 基于随机模型的光伏发电置信容量评估方法 [J]. 电力系统自动化，2012，36 (13)：32 - 37.

[120] 马小莉. 流域风光水多能源互补特性及预测的不确定性研究 [D]. 郑州：华北水利水电大学，2020.

[121] 徐政，刘滨，熊强，等. 多地区太阳能资源的监测与分析 [J]. 太阳能学报，2020，41 (10)：174 - 181.

[122] 中华人民共和国水利部. 水利水电工程设计洪水计算规范：SL 44—2006 [S]. 北京：中国水利水电出版社，2006.

[123] BETT P E, THORNTON H E. The climatological relationships between wind and solar energy supply in Britain [J]. Renewable Energy, 2016, 87: 96-110.

[124] 王泉. 光热光伏打捆发电系统输出功率优化研究 [D]. 兰州：兰州理工大学，2020.

[125] 丁士东，曾平良，邢浩，等. 一种水风光一体化发电系统中长期多目标优化运行方法 [J]. 电力科学与工程，2019，35 (11)：17-25.

[126] 沈筱，方国华，谭乔凤，等. 水风光发电系统联合调度规则提取 [J]. 水力发电，2020，46 (5)：114-117，126.

[127] 赵泽浩瀚. 水光风储多能互补电站群的优化调度研究 [D]. 西安：西安理工大学，2020.

[128] 王文森. 变异系数：一个衡量离散程度简单而有用的统计指标 [J]. 中国统计，2007 (6)：41-42.

[129] 闻昕，孙圆亮，谭乔凤，等. 考虑预测不确定性的风-光-水多能互补系统调度风险和效益分析 [J]. 工程科学与技术，2020，52 (3)：32-41.

[130] 刘永前，王函，韩爽，等. 考虑风光出力波动性的实时互补性评价方法 [J]. 电网技术，2020，44 (9)：10.

[131] 钟智，朱曼龙，张晨，等. 最近邻分类方法的研究 [J]. 计算机科学与探索，2011，5 (5)：467-473.

[132] 李晓磊，肖进丽，刘明俊. 基于 SARIMA 模型的船舶交通流量预测研究 [J]. 武汉理工大学学报（交通科学与工程版），2017，41 (2)：329-332，337.

[133] YANG T T, ASANJAN A A, WELLES E, et al. Developing reservoir monthly inflow forecasts using artificial intelligence and climate phenomenon information [J]. Water Resources Research, 2017, 53 (4): 2786-2812.

[134] LIN J Y, CHENG C T, CHAU K W. Using support vector machines for long-term discharge prediction [J]. Hydrological Sciences Journal - Journal Des Sciences Hydrologiques, 2006, 51 (4): 599-612.

[135] HONG W C, DONG Y, ZHANG W Y, et al. Cyclic electric load forecasting by seasonal SVR with chaotic genetic algorithm [J]. International Journal of Electrical Power & Energy Systems, 2013, 44 (1): 604-614.

[136] FANG T, LAHDELMA R. Evaluation of a multiple linear regression model and SARIMA model in forecasting heat demand for district heating system [J]. Applied Energy, 2016, 179: 544-552.

[137] 刘建强，何景华. 交通运输业与国民经济发展的实证研究 [J]. 交通运输系统工程与信息，2002 (1)：82-86.

[138] ZHANG G P. Time series forecasting using a hybrid ARIMA and neural network model [J]. Neurocomputing, 2003, 50: 159-175.

[139] AIAIKE H. A new look at the statistical model indentification' IEEE Transactions on Automatic Control [J]. IEEE Transactions on Automatic Control, 2008, AC19 (6): 716-723.

[140] BREIMAN L. Random Forests [J]. Machine Learning, 2001, 45 (1): 5-32.

[141] 吴潇雨，和敬涵，张沛，等. 基于灰色投影改进随机森林算法的电力系统短期负荷预

测 [J]. 电力系统自动化，2015，39 (12)：50 - 55.

[142] 曹正凤. 随机森林算法优化研究 [D]. 北京：首都经济贸易大学，2014.

[143] 刘凯. 随机森林自适应特征选择和参数优化算法研究 [D]. 长春：长春工业大学，2018.

[144] SUN Q，BAOLIN L I，FEI L I，et al. Review on the estimation of net primary productivity of vegetation in the Three - River Headwater Region，China [J]. Acta Geographica Sinica，2016，27 (2)：161 - 182.

[145] HOCHREITER S，SCHMIDHUBER J. Long short - term memory [J]. Neural Computation，1997，9 (8)：1735 - 1780.

[146] 陶思铭，梁忠民，陈在妮，等. 长短期记忆网络在中长期径流预报中的应用 [J]. 武汉大学学报 (工学版)，2021，54 (1)：21 - 27.

[147] 李来成. 雨雪天气下的城市轨道客流波动规律与预测 [D]. 哈尔滨：哈尔滨工业大学，2020.

[148] 李正泉，吴尧祥. 顾及方向遮蔽性的反距离权重插值法 [J]. 测绘学报，2015，44 (1)：91 - 98.

[149] 温博文，董文瀚，解武杰，等. 基于改进网格搜索算法的随机森林参数优化 [J]. 计算机工程与应用，2018，v. 54；No. 905 (10)：159 - 162.

[150] PEDREGOSA F，VAROQUAUX G，GRAMFORT A，et al. Scikit - learn：Machine Learning in Python [J]. Journal of Machine Learning Research，2011，12：2825 - 2830.

[151] KINGMA D，BA J. Adam：A Method for Stochastic Optimization [J]. Computer ence，2014.

[152] 姜淞川，陆建忠，陈晓玲，等. 基于 LSTM 网络鄱阳湖抚河流域径流模拟研究 [J]. 华中师范大学学报 (自然科学版)，2020，54 (1)：128 - 139.

[153] 高玉琴，周桐，马真臻，等. 考虑天然水文情势的水库调度图优化 [J]. 水资源保护，2020，36 (4)：60 - 67.

[154] 吴贞晖，梅亚东，李析男，等. 基于"模拟-优化"技术的多目标水库调度图优化 [J]. 中国农村水利水电，2020 (7)：216 - 221.

[155] 王超，张睿，张诚，等. 时间尺度对梯级水电站发电调度建模准确度影响分析 [J]. 工程科学与技术，2017，49 (6)：19 - 29.

[156] 魏加华，王光谦，蔡治国. 多时间尺度自适应流域水量调控模型 [J]. 清华大学学报 (自然科学版)，2006 (12)：1973 - 1977.

[157] 马超. 梯级水利枢纽多尺度多目标联合优化调度研究 [D]. 天津：天津大学，2008.

[158] XU W，PENG Y，WANG B. Evaluation of optimization operation models for cascaded hydropower reservoirs to utilize medium range forecasting inflow [J]. Science China - Technological Sciences，2013，56 (10)：2540 - 2552.

[159] 邓铭江，黄强，张岩，等. 额尔齐斯河水库群多尺度耦合的生态调度研究 [J]. 水利学报，2017，48 (12)：1387 - 1398.

[160] 赵星. 水电站群经济运行关键技术研究与应用 [D]. 南京：河海大学，2006.

[161] 陈佳. 基于逐级优化方法的水库群发电调度研究 [D]. 武汉：华中科技大学，2017.

[162] MIZUTANI E. On a Staged Successive Approximation Procedure for Approximate Dy-

namic Programming Solutions to Board Game Playing [J]. 2015 IEEE International Conference on Industrial Engineering and Engineering Management，2015：529-533.

[163] 程春田，郜晓亚，武新宇，等. 梯级水电站长期优化调度的细粒度并行离散微分动态规划方法 [J]. 中国电机工程学报，2011，31（10）：26-32.

[164] NAEINI M R，YANG T T，SADEGH M，et al. Shuffled Complex - Self Adaptive Hybrid EvoLution（SC-SAHEL）optimization framework [J]. Environmental Modelling & Software，2018，104：215-235.

[165] 胡淑彦，程先云，柴福鑫，等. 基于 1stOpt 的水库预泄期最优泄流调度模型 [J]. 河海大学学报（自然科学版），2011，39（4）：377-383.

[166] DUAN Q Y，GUPTA V K，SOROOSHIAN S. Shuffled complex evolution approach for effective and efficient global minimization [J]. Journal of Optimization Theory & Applications，1993，76（3）：501-521.

[167] 黄强，张洪波，原文林，等. 基于模拟差分演化算法的梯级水库优化调度图研究 [J]. 水力发电学报，2008，27（6）：13-17.

[168] 方国华，郭玉雪，闻昕，等. 改进的多目标量子遗传算法在南水北调东线工程江苏段水资源优化调度中的应用 [J]. 水资源保护，2018，34（2）：34-41.

[169] FANG G H，GUO Y X，WEN X，et al. Multi-Objective Differential Evolution-Chaos Shuffled Frog Leaping Algorithm for Water Resources System Optimization [J]. Water Resources Management，2018，32（12）：3835-3852.

[170] 刘宝碇，赵瑞清. 随机规划与模糊规划 [M]. 北京：清华大学出版社，1998.

[171] 郑慧涛. 水电站群发电优化调度的并行求解方法研究与应用 [D]. 武汉：武汉大学，2013.

[172] HEIDARI M，CHOW V T，KOKOTOVI P V，et al. Discrete Differential Dynamic Programing Approach to Water Resources Systems Optimization [J]. Water Resources Research，1971，7（2）：273-282.

[173] 纪昌明，李传刚，刘晓勇，等. 基于泛函分析思想的动态规划算法及其在水库调度中的应用研究 [J]. 水利学报，2016，47（1）：1-9.

[174] 王迁. 中长期径流预报系统的设计与实现 [D]. 南昌：南昌航空大学，2018.

[175] 赵铜铁钢. 考虑水文预报不确定性的水库优化调度研究 [D]. 北京：清华大学，2013.

[176] MAURER E P，LETTENMAIER D P. Potential Effects of Long-Lead Hydrologic Predictability on Missouri River Main-Stem Reservoirs [J]. Journal of Climate，2004，17（1）：174-186.

[177] MCKAY M D，CONOVER R J B J J T. A Comparison of Three Methods for Selecting Values of Input Variables in the Analysis of Output from a Computer Code [J]. Technometrics，1979，21（2）：239-245.

[178] 于晗，钟志勇，黄杰波，等. 采用拉丁超立方采样的电力系统概率潮流计算方法 [J]. 电力系统自动化，2009，33（21）：32-35.

[179] 严海峰. 考虑风电随机性的电力系统多目标无功优化研究 [D]. 广州：华南理工大学，2015.

[180] IMAN R, CONOVER W. A distribution - free approach to inducing rank correlation among input variables [J]. Communications in Statistics - Simulation and Computation, 1982, 3 (11): 311 - 334.

[181] HARMS A A, CAMPBELL T H. An Extension to the Thomas - Fiering Model for the Sequential Generation of Streamflow [J]. Water Resources Research, 1967, 3 (3): 653 - 661.

[182] MCMAHON T A, MILLER A J. Application of the Thomas and Fiering Model to Skewed Hydrologic Data [J]. Water Resources Research, 1971, 7 (5): 1338 - 1340.

[183] BOOKER J, O'NEILL J. Can Reservoir Storage Be Uneconomically Large? [J]. Journal of Water Resources Planning and Management, 2006, 132 (6): 520 - 523.

[184] CUI Q, WANG X, LI C H, et al. Improved Thomas - Fiering and wavelet neural network models for cumulative errors reduction in reservoir inflow forecast [J]. Journal of Hydro - Environment Research, 2016, 13: 134 - 143.